Waltraud Weiss

Fische fürs Gesellschaftsbecken

60 Arten in Farbfotos

Kosmos · Gesellschaft der Naturfreunde
Franckh'sche Verlagshandlung · Stuttgart

60 Farbfotos von S. Frank (1), B. Kahl (51), S. Pecolatto (1), H.-J. Richter (4) und R. Zukal (3)
60 Schwarzweißzeichnungen von Hans-Ulrich Eichler

Holländische Ausgabe: W. J. Thieme, Zutphen/Niederlande
Italienische Ausgabe: Muzzio Editore, Padua/Italien
Dänische Ausgabe: Lademann, Kopenhagen/Dänemark

CIP-Kurztitelaufnahme der Deutschen Bibliothek

Weiss, Waltraud:
Fische fürs Gesellschaftsbecken : 60 Arten in Farbfotos / Waltraud Weiss. [60 Schwarzweisszeichn. von Hans-Ulrich Eichler]. – 3. Aufl. – Stuttgart : Franckh, 1980.
(Kosmos-Vivarium in Farbe)
ISBN 3-440-04908-6

3. Auflage / 24. – 31. Tausend
Franckh'sche Verlagshandlung, W. Keller & Co., Stuttgart / 1980

Printed in Italy / Imprimé en Italie / LH 14 os / ISBN 3-440-04908-6
Druck und Buchbinder: Grafiche Muzzio, Padua/Italien

Harmonie in drei Etagen

Wer paßt zu wem im Gesellschaftsbecken? Von den Hunderten möglicher „gesellschaftsfähiger“ Zierfischarten wurden 60 ausgewählt, die schon viele Jahre, oft jahrzehntelang, hoch oben in der Gunstskala der Aquarianer stehen und die zum Standardangebot der Zoogeschäfte gehören. Meistens sind sie prächtig anzuschauen, manchmal ist es ihr ungemein interessantes Verhalten, das den Tierfreund fasziniert. Sie sind friedlich, nicht anspruchsvoll und brauchen kein besonders zubereitetes Wasser. In weichem bis mittelhartem Wasser, d. h. bis etwa 15° dH fühlen sie sich wohl, 3° dH z. B. (dH = deutsche Härte) gilt als sehr weich, 8°—15° dH als mittelhart. Die Wasserhärte seines Leitungswassers kann man bei dem zuständigen Wasserwerk erfragen. Es gibt auch eine Reihe aquarientechnischer Möglichkeiten, die Wasserbeschaffenheit zu ändern. Aber diese chemischen Fragen werden in den meisten Fällen erst wichtig, wenn man züchten möchte. Im Gesellschaftsbecken, einem Schauaquarium, gibt es unter besonders günstigen Bedingungen höchstens Zufallszuchten.

Bei manchen Fischen sieht man schon an ihrer Körperform, ob sie sich am liebsten im und am Boden (Dorngrundeln, Welse), im freien Wasser (Karpfenfische) oder an der Oberfläche (Beilbauchfische) aufhalten. Die erste Gruppe wirkt wurmartig oder hat abgeflachte Bäuche; Stromlinienkörper sind typisch für die schnellen Schwimmer des freien Wassers; die Angehörigen der letzten Gruppe sind oft flachrückig, ihr Bauch wirkt wie ein Bootskiel.

Die Einteilung der vorgestellten Zierfische nach ihrem Lebensraum — die Übergänge sind natürlich fließend — soll Ihnen helfen, den „See im Glase“ so zu bevölkern, daß sich die Insassen nicht auf die Nerven gehen und jede Wasserzone belebt ist.

Eine Faustregel für die Zahl der Fische in einem Aquarium gibt es nicht; es kommt auf die Größe der Tiere an, ihr Temperament und nicht zuletzt die Leistung der Filter.

Empfehlenswerter als ein Sammelsurium sehr vieler Arten ist die Pflege ausgewählter weniger Gruppen, von denen man dann viele Exemplare kauft. Die geselligen Schwarmfische, z. B. die Barben, darf man niemals als Einzeltiere halten, sonst werden sie blaß und temperamentlos oder auch aggressiv. Mindestens sechs Tiere, besser noch ein Dutzend, sollte man zusammen kaufen.

Die Temperaturskala

Sie wurde nach Erfahrungswerten zusammengestellt, die auf eigenen und auf in der Fachliteratur mitgeteilten Beobachtungen basieren. Hält man die Fische bei der für sie zuträglichen Optimaltemperatur (in unserer Skala dunkel), kann eigentlich nichts schiefgehen. Die nächsten Werte (in unserer Skala heller) geben den Spielraum an, in dem die Temperaturgrade noch liegen dürfen, was für die Vergesellschaftung von Fischen wichtig ist, deren Wärmebedürfnisse sich nicht exakt decken. Die Toleranzgrenzen sollten jedoch nicht überschritten werden. Sicher sind viele Arten so robust, daß sie auch in viel kälterem oder wärmerem Wasser überleben. Aber welcher Aquarianer wird dies wohl freiwillig testen?

Schau-, Landschafts- und Familienbecken

Der beliebteste Aquarientyp ist das Schaubecken, in dem Fische schwimmen, die nur unter dem Aspekt ihres Aussehens zusammengestellt wurden, egal, ob sie nun aus Südamerika, Afrika oder Südostasien stammen. Hauptsache: Sie vertragen sich, sie stellen die gleichen Lebensansprüche, und das Aquarium ist so eingerichtet, daß jede Art sich wohl fühlt. Es überlebt zwar mancher Fisch in einem Becken, das ihm gar nicht zusagt, doch Ziel der Aquaristik ist es, den Pfleglingen eine Umwelt zu bieten, in der sie den ganzen Reichtum ihrer Verhaltensweisen entfalten können. Die Biotop-(Lebensraum-)Fanatiker hingegen schwören auf ein Landschaftsbecken. Doch entspricht auch ein Aquarium, das nach sorgfältigem Literatur- oder sogar Lokalstudium eingerichtet wurde, nicht den tatsächlichen Verhältnissen in freier Natur. Die in den Fundortbeschreibungen genannten Wasserwerte (Temperatur, Härtegrade, pH-Wert) sind meistens nur einmalige Zustandsmessungen, die nicht verbindlich sind für die Beschaffenheit des betreffenden Gewässers während des Jahresverlaufs. Auch die Verbreitungsgrenzen der einzelnen Arten, besonders der Fische in unzugänglicher Tropenwildnis, sind nicht bekannt. Hier schwimmt die eine Art als Leitfisch, d. h. als für diese Gegend charakteristischer Fisch, dort kommt sie nur ganz zufällig vor, beispielsweise durch Laichverschleppung. Im dichten Pflanzengewirr findet man auch nicht alle Tiere, die tatsächlich dort leben. Fische, die sich im Freien nicht ins Gehege kommen, weil es genügend Platz zum Ausweichen gibt, mögen sich unter Umständen im Aquarium überhaupt nicht.

Auch sollte man besser nicht versuchen, den Bodengrund der Regenwaldbäche nachzuahmen und ihn mit faulendem Laub zu bedecken. Ein Torfbelag ist da schon besser. Doch informieren Sie sich vorher, wie man mit Torf umgeht. Die Gefahr ist groß, des Guten zuviel zu tun. Einfacher ist es für den Anfänger, der sein Wasser „verbessern" will, sich einen Torfextrakt zu kaufen und genau nach der Gebrauchsanweisung zu verfahren.

Während im tropischen Urwald die Regenzeit die Gedeihzeit ist, die Periode der Fortpflanzung, haben sich manche Fische, die schon lange als Aquarienstämme nachgezüchtet wurden, den „unnatürlichen" Verhältnissen angepaßt. Nahrung bekommen sie jederzeit reichlich. Mit einigen Tricks läßt sich auch die Wasserqualität verändern, die Laichbereitschaft mehrmals im Jahre stimulieren.

Die meisten Zierfischangebote dürften aus in- und ausländischen Großzüchtereien stammen. Es gibt aber immer noch eine Reihe von Fischen, deren Zucht äußerst schwierig oder gar noch gänzlich unbekannt ist. Diese „Wildfänge" sind dann entsprechend teuer.

Auch wenn man weiß, so ganz genau kann es nicht stimmen, macht es Spaß, zur Abwechslung einmal einen „Südostasiatischen Reistümpel" oder einen „Südamerikanischen Regenwald" nachzuahmen. Ein Erdteilbecken oder ein Familienbecken zu pflegen macht ebenfalls Freude.

Mit Checkliste und Tagebuch

Ein Gesellschaftsbecken sollte unbedingt 60 bis 100 Liter fassen. In einem kleineren Behälter lassen sich nur wenige Arten unterbringen, außerdem ist seine Pflege schwieriger. Nur im größeren Becken lassen sich auch verschiedene Reviere schaffen, helle und dunkle Stellen, Kies- und Sandboden anlegen, so daß jede Fischgruppe ihr Plätzchen an der Sonne oder im schattigen Versteck finden kann.

Stellen Sie Ihre Fischbesatzung am besten mit Hilfe einer Checkliste zusammen. Angenommen, Sie wollen unbedingt vor allem einen Schwarm

Neonfische haben: Dann notieren Sie alle wichtigen Daten (erstes Kriterium ist die Wassertemperatur), schreiben Sie auf, welche Fische gut zu ihnen passen, welche Abmessungen das Aquarium haben soll, was Sie für die Beckenausstattung brauchen und welche Pflanzen geeignet sind. Wünschen Sie sich aber lieber ein Landschaftsaquarium, oder wollen Sie das charakteristische Verhalten einer Fischfamilie beobachten, helfen Ihnen die Angaben in den Balkenzeilen auf jeder Buchseite, sich rasch die passenden Pfleglinge auszuwählen.
Zum Schluß noch ein kleiner Tip: Notieren Sie Ihre Beobachtungen und Erfahrungen in einem Tagebuch — Sie erleben Ihr Hobby dann noch viel intensiver.

Sie finden

	Seite
Grundfische	8
Schwarmfische der unteren Wasserzone	22
Schwarmfische der Mittelzone	32
Fische der Mittelzone/Pflanzenverstecke	46
Schwarmfische der oberen Wasserzone	52
Fische der oberen Wasserzone	60
Verzeichnis der wissenschaftlichen Namen	68
Verzeichnis der deutschen Namen	69

Dies sind

die deutschen Namen der in diesem Buch erwähnten Wasserpflanzen:

Aponogeton	Wasserähre
Azolla	Algenfarn
Cabomba	Haarnixe
Ceratopteris	Hornfarn
Cryptocoryne	Wasserkelch
Echinodorus	Schwertpflanze
Elodea	Wasserpest
Fontinalis	Quellmoos
Heteranthera	Trugkölbchen
Hygrophila	Wasserfreund
Lemna	Wasserlinse
Limnophila	Sumpffreund
Ludwigia	Ludwigie
Myriophyllum	Tausendblatt
Nitella	Armleuchtergewächs
Riccia	Lebermoos
Sagittaria	Pfeilkraut
Synnema	Wasserwedel
Vallisneria	Sumpfschraube
Vesicularia	Javamoos

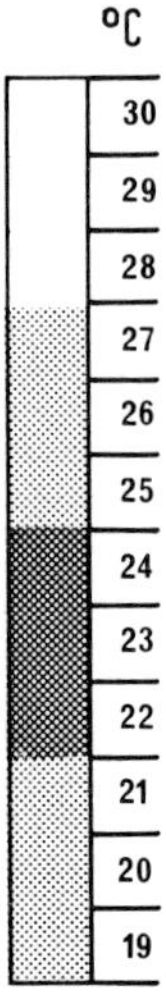

Grundfische

Familie Panzerwelse, Callichthyidae
Südamerika; Gewässer mit schlammigem Boden

Metallpanzerwels *Corydoras aeneus*
Die Metallpanzerwelse — sie wurden auf Trinidad, in Venezuela, den Guayana-Ländern, Bolivien, Brasilien und in den La-Plata-Staaten gefunden — wohnen an flachen Stellen, sowohl in fließenden als auch in stehenden Gewässern mit weichem Grund. Auch in verschmutztem Wasser halten sie es aus, denn sie besitzen zusätzlich zu den Kiemen eine „Darmatmung", die es ihnen ermöglicht, von der Oberfläche atmosphärische Luft zu holen. Diese biologische Besonderheit muß man bei der Wahl des Beckens berücksichtigen: Es soll geräumig sein, aber nicht zu hoch, um ihnen das Lufttanken nicht zu schwer zu machen. Wenn sie auch in sauerstoffarmem Wasser zu leben vermögen, so ist ihnen doch zweifellos klares und sauberes Wasser viel lieber als eine Schmutzbrühe, weshalb man kräftig filtern sollte.
Die kleinen Welse brauchen einen etwas dämmrigen, nicht zu kleinen Buddelplatz (eine etwa 3 cm hohe Sandschicht), wo sie wühlen können. Wird der übrige Beckengrund mit Kies belegt, muß man darauf achten, daß die Steinchen nicht spitz sind. Die zarten, mit Geschmacksknospen ausgestatteten Barteln werden allzu leicht verletzt. Einige Versteckplätze sollten auch vorhanden sein, z. B. Wurzeln und Steinhöhlen.
Die bis 7 cm langen Metallpanzerwelse fühlen sich wohl in einem kleinen Trupp. Die Zahl richtet sich nach der Beckengröße und der Filterleistung; denn die baggernde Gesellschaft trübt das Wasser ganz erheblich. Gute und kräftige Fütterung vermag die Wühlerei allerdings einzuschränken. Das Trocken- und (bevorzugte!) Lebendfutter braucht man nur auf ihren Spielplatz fallen zu lassen — die Panzerwelse ziehen jedes sich schnell verkrümelnde Würmchen geschickt wieder aus dem Boden, und sie vertilgen auch die Futterreste ihrer sonstigen Mitbewohner. Die friedlichen „Schnüffler", „Saubermänner", „Putzfrauen", „Gesundheitspolizisten", „Straßenfeger", „Putzteufel", „Müllabfuhrleute" oder „Staubsauger" — die Aquarianer haben die drolligen Kerlchen mit unzähligen Namen bedacht — sind ideale Gesellschafter. Sie passen in jedes Gemeinschaftsbecken, in dem sich ihre geringen Lebensansprüche realisieren lassen, bevorzugt natürlich zu den südamerikanischen Salmlern, ihren Landsleuten.

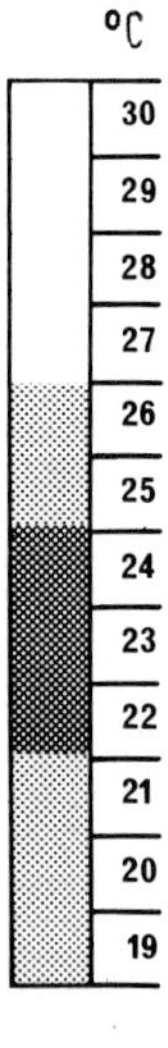

Punktierter Panzerwels *Corydoras paleatus*
Diese Art scheint im Norden Südamerikas nicht verbreitet zu sein, man fand sie nur in Südbrasilien und in den La-Plata-Staaten.
Der Punktierte unterscheidet sich vom Metallpanzerwels nur durch sein „Kleid" und durch seine längere Präsenz in europäischen Aquarien. Schon 1878 soll er von dem berühmten Pariser Fischkenner Carbonnier nachgezüchtet worden sein. Der *Corydoras paleatus* ist es auch, der gelegentlich sogar im Gesellschaftsbecken laicht.
Das *Corydoras*-Männchen unterscheidet sich vom Weibchen in der Beflossung: Seine Rückenflosse ist höher und spitzer, und außerdem wirkt es vergleichsweise schlanker.
Es gibt viele Zierfischfreunde, denen die langlebigen Panzerwelse (von einem Alter bis zu zwölf Jahren wird berichtet) so sympathisch sind, daß sie ihnen ein *Corydoras*-Familienbecken einrichten, in dem sie mehrere Arten gleichzeitig beobachten können.

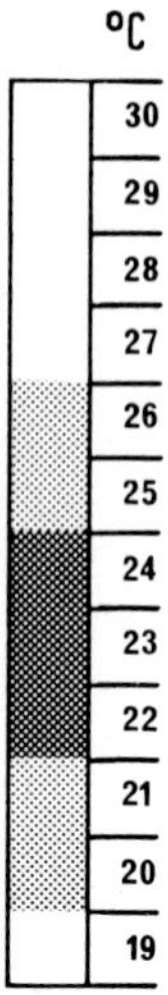

Grundfische

Familie Panzerwelse, Callichthyidae
Südamerika; Gewässer mit schlammigem Boden

Schwielenwels *Hoplosternum thoracatum*
Der östlich der Anden überall vorkommende Schwielenwels ist, wenn er älter und größer wird, zwar für normale Aquarien nicht mehr ideal, aber jüngere Tiere (im Trupp, etwa drei bis fünf) sollte man einmal halten. Sie sind friedlich, robust und unterscheiden sich im Aussehen von den Panzerwelsen der Gattung *Corydoras*. Auch die Fortpflanzung weist Besonderheiten auf: *Hoplosternum thoracatum* baut ein Schaumnest; das Männchen betreibt Brutpflege. Das kann man allerdings nur im eigens als Zuchtbecken hergerichteten Artaquarium beobachten.
Der Schwielenwels ist ein ausgesprochenes Dämmerungstier, erst am Abend wird er richtig munter. Er ist ein Allesfresser und braucht zum Buddeln unbedingt einen weichen Boden und außerdem Versteckmöglichkeiten. Das Aquarium sollte nicht zu hoch, der Wasserstand niedriger sein; Pflanzen spenden den Fischen ein gemütliches Schummerlicht. Als Gesellschafter passen gut zu ihm die Salmler Südamerikas. Auch Regenbogenfische, Lebendgebärende und Barben eignen sich.

Familie Buntbarsche, Cichlidae
Ostafrika; überschattete Bäche

Kleiner Maulbrüter *Hemihaplochromis multicolor*
Der Kleine Maulbrüter, auch Bunter oder Vielfarbiger Maulbrüter genannt, war einer der ersten Buntbarsche, dessen Brutverhalten erforscht wurde: Das Weibchen — es ist etwas farbiger — schnappt sich das frische Gelege und brütet die Eier in der Mundhöhle aus. Erst wenn die Jungen schwimmen können, werden sie ausgespuckt, aber noch eine ganze Weile bei drohender Gefahr wieder von der Mutter aufgesammelt. In einem großen, schwach besetzten Gesellschaftsbecken läßt sich dieses interessante Schauspiel vielleicht auch einmal beobachten. Das aggressive Männchen nach dem Laichen entfernen! Aber auch ohne diese Verhaltensweisen zu studieren, macht es Spaß, die friedlichen Zwergbuntbarsche zu pflegen. Sie bilden Reviere, sind ziemlich geschäftig und nicht ruppig wie die großen Buntbarsche. Auch an den Pflanzen vergreifen sie sich nicht.

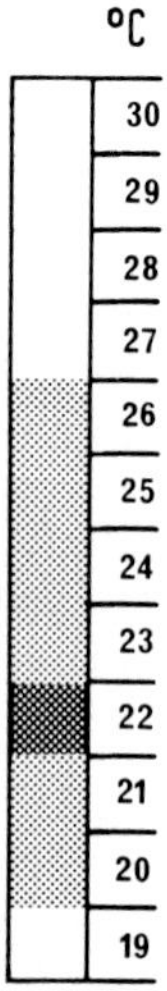

Die etwa 8 cm langen *Hemihaplochromis multicolor* sind in Ostafrika weit verbreitet; man findet sie von Ägypten bis hinunter nach Tansania. Hauptfundorte: Seitenarme des Nil. Heute werden wohl ausschließlich Nachzuchten und keine Importe gehandelt.
Vallisneria und *Aponogeton* beispielsweise eignen sich gut zur Bepflanzung ihres Beckens. Verstecke richtet man aus Kokosnußschalen, kleinen umgestülpten und mit Einschlupf versehenen Blumentöpfen oder soliden Steinbauten her. Die Bodengrundbepflanzung darf nicht zu dicht sein, und natürlich muß es eine mit feinem Sand bedeckte Fläche geben. Die Kleinen Maulbrüter fressen alles, bevorzugt Lebendfutter.
Die Gesellschafter für ein bis zwei Paare sucht man danach aus, ob sie die Bodenbewohner auch in Ruhe lassen, d. h. am besten nimmt man Fische, die die mittleren und die oberen Wasserzonen bewohnen: Ruhige südamerikanische Salmler, die ebenfalls die etwas niedrigeren Temperaturen bevorzugen, Lebendgebärende Zahnkarpfen oder Kardinalfische. Fische aus drei Erdteilen wären in einer solchen Gesellschaft versammelt, aber da sie sich ausgezeichnet vertragen und sehr ähnliche Ansprüche stellen, können auch Biotop-Fanatiker nichts dagegen sagen.

Grundfische

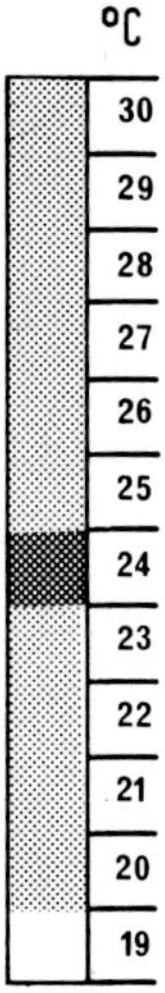

Familie Buntbarsche, Cichlidae
Afrika; Uferregionen der Waldflüsse

Kamerun-Prachtbarsch, Königscichlide *Pelmatochromis pulcher.* (Oft als *P. kribensis* gehandelt; die Systematik der *Pelmatochromis-pulcher-*Gruppe ist noch nicht einwandfrei geklärt.)
Die anspruchslosen Afrikaner aus Nigeria und Kamerun (Männchen etwa 9 cm, Weibchen etwa 7 cm) können, da sie viel friedlicher sind als die meisten ihrer Verwandten, auch die Bodenzone eines Gesellschaftsbeckens bewohnen. Ihr Territorium muß ein bißchen düster aussehen. Wurzeln, Pflanzen und Höhlen sollen den Grund bedecken, damit sie sich heimisch fühlen und verstecken können. Steinbauten müssen solide konstruiert sein, damit sie von den emsigen Buntbarschen nicht unterminiert werden können. Da sie gern graben, sollte der Boden wenigstens teilweise weich sein.
Entweder hält man ein Pärchen oder ein Männchen mit zwei Weibchen. Die mittleren und oberen Regionen belebt man beispielsweise mit Salmlern oder Regenbogenfischen. Die Männchen unterscheiden sich von den Weibchen durch die stärker ausgezogene Rücken- und Afterflosse. Typisch sind auch die „Augenflecke" im oberen Teil der Schwanzflosse des Männchens, deren Zahl zwischen eins und fünf schwanken kann. Beide Eltern betreiben Brutpflege (Höhlenbrüter). Die Aufzucht von wenigstens ein paar Jungfischen könnte unter Umständen auch im Gesellschaftsaquarium gelingen, wenn das Becken groß und nur schwach besetzt ist. Die anderen Bewohner vermeiden es dann meist, in ihre Nähe zu schwimmen, da die bunten Afrikaner zu dieser Zeit etwas unfreundlich werden. Die kleinen Prachtbarsche fressen alles, vorzugsweise Wasserflöhe, Würmer, Hüpferlinge und Mückenlarven, und nehmen gern gelegentlich auch pflanzliches Futter.

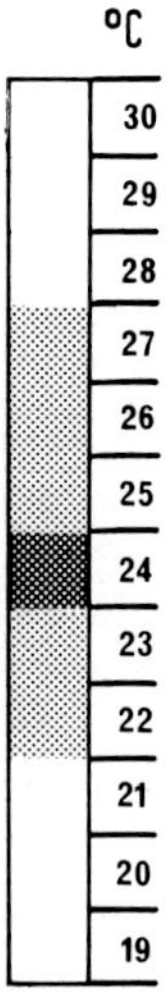

Afrikanischer Schmetterlingsbuntbarsch, Thomas-Prachtbarsch *Pelmatochromis thomasi*
Die Schmetterlingsbuntbarsche, in Sierra Leone weit verbreitet, sind eng verwandt mit den Königscichliden (siehe oben). Auch sie lassen sich in einem Gesellschaftsbecken unter den gleichen Bedingungen recht gut pflegen. Sie sehen aber ganz anders aus, und die Geschlechter kann man äußerlich nur zur Laichzeit unterscheiden. Die Weibchen haben dann einen dickeren Leib. Diese Art scheint vergleichsweise noch friedlicher zu sein als die oben beschriebene und auch häufiger in (größeren!) Gesellschaftsbecken abzulaichen. Die mehr silbrigen Jungtiere sind noch nicht so hübsch gefärbt wie ausgewachsene Exemplare, an denen die Türkispunkte imponieren, mit denen der ganze Körper übersät ist.
Keine Sorge, wenn diese Cichliden auf einmal, wie vom Erdboden geschluckt, verschwunden sind: Fühlen sie sich nämlich bedroht, buddeln sie sich seitlings in den Sand.
Die Arten der Gattung *Pelmatochromis* ähneln in ihrem prächtig bunten Kleid den plakatfarbenen Korallenfischen, im Verhalten den südamerikanischen Buntbarschen.

Grundfische

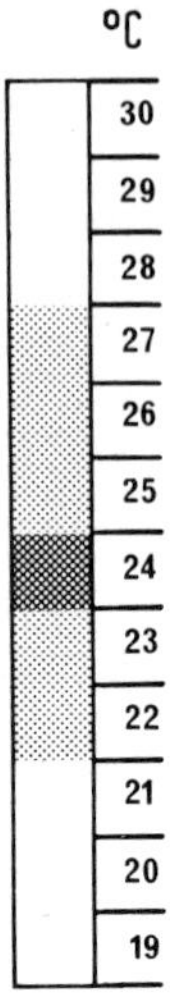

Familie Buntbarsche, Cichlidae
Südamerika; Flußufer

Gelber Zwergbuntbarsch, Reitzigs Zwergbuntbarsch
Apistogramma reitzigi
Die bis 5 cm (Weibchen) bzw. 8 cm (Männchen) langen Zwerge kann man ohne Sorge ins Gesellschaftsbecken setzen. Die Bodenzone sollte man den friedlichen, ruhigen Fischen aber allein überlassen, damit sie ungestört von lebhaften Nachbarn Reviere bilden und ein echtes Cichlidenleben führen können. Es kommt sogar hin und wieder vor, daß sie im Gesellschaftsbecken laichen, wenn die Bedingungen besonders günstig sind. Die Reitzigi sind Höhlenbrüter. Während das Weibchen sich vorwiegend der Brutpflege widmet, übernimmt das Männchen die Revierverteidigung. Die winzigen Jungfischchen vor den Mäulern der Barben oder Salmler zu bewahren gelingt aber auch der tüchtigsten Reitzigi-Mutter kaum.
Der Bodengrund für die Zwergbuntbarsche aus dem Rio Paraguay wird abwechslungsreich gestaltet: Verstecke baut man aus umgestülpten kleinen Blumentöpfen, Kokosnußschalen, Moorkienwurzeln und Steinen; auch bepflanzt werden darf das Becken, denn die Zwergbuntbarsche schonen das Grün im allgemeinen. Sie brauchen etwas Platz zum Ausschwimmen. Der Bodengrund muß weich sein, möglichst auch dunkel. Die kleinen Buntbarsche sind Allesfresser, bevorzugen jedoch Lebendfutter. Beim Füttern aber aufpassen, daß genug für sie zu Boden fällt.
Die Geschlechter sind nicht nur an der unterschiedlichen Größe leicht zu erkennen: Das Männchen ist deutlich hübscher, meistens in helleren Farbtönen. Seine Brustflosse ist etwas spitzer, die Rücken- und Afterflosse deutlich länger. Das laichreife Weibchen färbt sich kräftig gelb. Sind die Fische erregt, ziehen sich dunkle Striche über ihren Körper.
Es ist ratsam, in einem mittelgroßen Becken nur ein Pärchen zu pflegen, da es bei der Revierbildung zu Kämpfen kommen kann.
Eine Etage höher quartieren wir vorzugsweise Neons ein. Die Oberflächennähe könnten Augenfleckbärblinge oder Schrägschwimmer bevölkern, ebenso ein Pärchen Skalare!

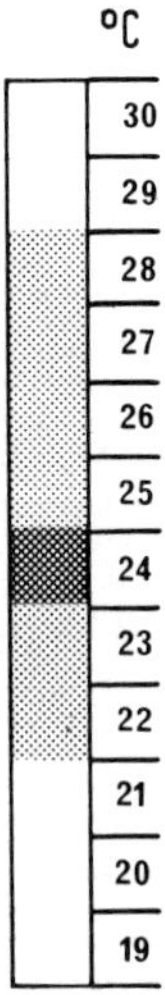

Glänzender Zwergbuntbarsch, Gestreifter Zwergbuntbarsch, Schachbrettbuntbarsch *Nannacara anomala*
Auch die friedlichen und lebhaften Buntbarsche kleinerer pflanzenreicher Wasserläufe Guayanas lassen sich ausgezeichnet im Gesellschaftsbecken pflegen, ohne daß andere Fische oder die Pflanzen unter ihnen leiden. Nur sollte man einem Pärchen *Nannacara anomala* keine anderen Bodenbewohner zugesellen und einen Partner austauschen, wenn es während der Laichzeit zwischen dem Männchen und dem Weibchen — die übrigens nicht wie viele andere Cichliden eine ständige „Ehe“ führen — zu hartnäckigen Kämpfen kommen sollte. Als Gesellschafter eignen sich die für den *Apistogramma reitzigi* empfohlenen Fische.
Der Schachbrettbuntbarsch bildet Reviere und läßt durch seine Färbung erkennen, wie er gerade gelaunt ist. Besonders dem Weibchen kann man ansehen, ob sein Gemüt gerade auf Brutpflege eingestimmt ist (Schachbrettmuster) oder ob es wütend ist (leuchtende Farben). Ausgewachsene Männchen (etwa 9 cm) sind allerdings viel prächtiger als die ungefähr 6 cm langen Weibchen. Der Bodengrund muß vielfältig ausgestattet werden, damit das Buntbarschpärchen sich recht wohl fühlt: mit *Elodea*, Steinhöhlen, halber Kokosnußschale oder umgestülptem Blumentopf.
Die kleinen Barsche fressen alles, besonders lieben sie Mückenlarven.

Grundfische

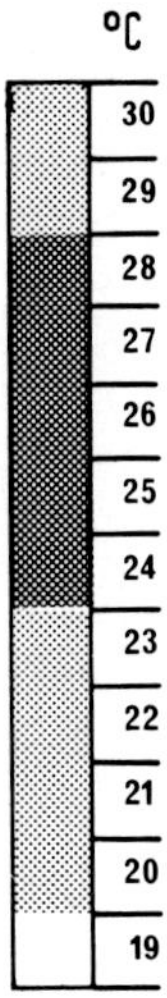

Familie Schmerlen oder Dorngrundeln, Cobitidae
Südostasien; Bäche und Gräben

Maskendornauge *Acanthophthalmus kuhlii*
Die wärmebedürftigen und dämmerungsliebenden Dornaugen, die eher wurm- als fischartig wirken, halten sich nicht nur gern am, sondern gelegentlich sogar im Boden auf. Sie brauchen also im Aquarium für ihr Wohlbefinden mindestens eine Stelle mit weichem Grund (Sand, Mulm, Torffasern), die sie durchwühlen und nach Freßbarem absuchen können. Als Nachttiere, die erst gegen Abend munter werden, lieben sie Höhlen, Pflanzen oder Wurzelverstecke. Auch der Kontakt mit Artgenossen ist wichtig für sie, deshalb nie Einzeltiere, sondern immer einen kleinen Trupp halten. Da sie — wenigstens so lange, bis sie sich richtig eingelebt haben — recht scheu sind, ist es ratsam, ihnen keine weiteren Bodenbewohner zuzugesellen, die sie beunruhigen könnten. Am besten passen zu ihnen ruhigere Fische der mittleren und oberen Wasserzonen.
Obwohl sie im Bodengrund meistens noch etwas zum Fressen finden, muß man beim Füttern sorgfältig darauf achten, daß sie nicht zu kurz kommen. Am besten versorgt man erst die anderen Tiere, bis diese ihren ersten Appetit gestillt haben und sorgt dann dafür, daß genügend Nahrung zum Grund gelangt, von wo die Dornaugen sie dann mit ihren Barteln geschickt „erschmecken“. Mit Vorliebe fressen sie kleine (!) Würmer, aber auch an Trockenfutter gehen sie, sobald sie sich daran gewöhnt haben.
Das Maskendornauge soll im Aquarium bis 12 cm lang werden. Es gilt als langlebig. Wenn es sich einmal mehrere Tage nicht blicken läßt, besteht kein Anlaß zur Sorge. Ganz plötzlich ist es wieder da, rast mitunter die Scheibe rauf und runter, und man muß aufpassen (Becken abdecken!), daß es sich vor lauter Geschäftigkeit nicht aus dem Aquarium schlängelt. Die Geschlechter lassen sich nur durch unauffällige Kennzeichen in der Anatomie der Brustflosse voneinander unterscheiden, doch zur Laichzeit ist das Weibchen deutlich dicker.
In ihrer Heimat, im Tief- und Hügelland Thailands und Indonesiens (eines der Hauptfanggebiete ist die Insel Sumatra) leben die Dornaugen in langsam fließenden Bächen und Gräben mit weichem, schlammigem Boden. Der Untergrund ist meist nicht sehr bewachsen, typisch sind eher die Schwimmpflanzendecken *(Lemna, Azolla)*.
Besonders empfehlenswerte Obermieter im Dornaugenbecken sind die etwa aus dem gleichen Raum stammenden wärmebedürftigen Keilfleckbarben und Labyrinther, beispielsweise Mosaikfadenfische.
Von der Art *Acanthophthalmus kuhlii* gibt es verschiedene Lokalformen *(A. kuhlii sumatranus, A. kuhlii malayanus)*.
Ihren Namen verdanken sie dem Unteraugendorn, der — bei Gefahr aufgerichtet — als Waffe dient.

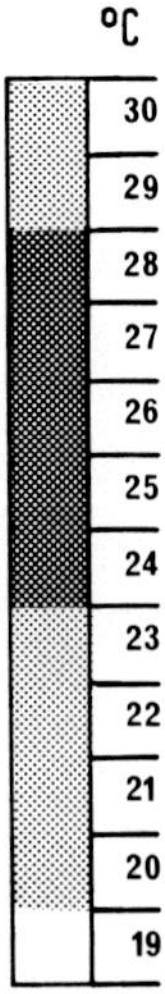

Zickzackdornauge *Acanthophthalmus semicinctus*
Dieser nahe Verwandte des *A. kuhlii* ist unter den gleichen Bedingungen zu pflegen. Er ist etwas anders gezeichnet und wird nicht ganz so lang, etwa 8 cm.
Es gibt noch eine Reihe ähnlich aussehender Dornaugen. Es ist lohnend, sich in einem umfangreichen Fachbuch einmal über die verschieden gemusterten Arten zu orientieren und sein Aquarianerauge zu schulen. Im Fachhandel werden nämlich meistens alle Arten nur unter der Bezeichnung „Dornauge“ angeboten; man möchte aber schließlich genau wissen, was man erwirbt.

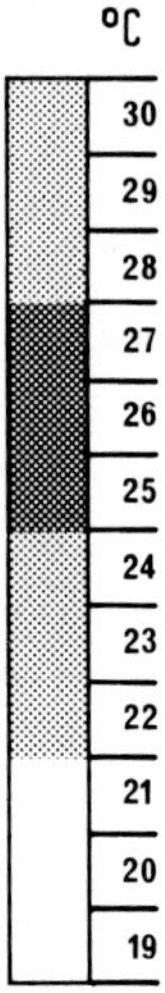

Grundfische

Familie Schmerlen oder Dorngrundeln, Cobitidae
Südostasien; Flüsse und Bäche

Prachtschmerle, Langdorngrundel *Botia macracantha*
Die hauptsächlich aus Sumatra und Borneo importierte Prachtschmerle wird im Aquarium zwar nicht 30 cm lang wie in ihrer Heimat (Überschwemmungsgebiet der Niederungen und des Hügellandes), doch 12 cm dürfte sie auch im Aquarium schaffen. Aber man kann sie ohne weiteres mit viel kleineren Fischarten zusammen pflegen, z. B. mit den in Farben und Muster entfernt ähnlichen Sumatrabarben, denen sie sich auch manchmal anschließen, und mit den ebenfalls asiatischen Keilfleckbarben. Viele Aquarianer beobachteten, daß sich Einzeltiere (oft zänkisch) ganz anders verhalten als eine kleine Gesellschaft von etwa fünf Prachtschmerlen.
Schmerlen lieben es, in einem tiefen, dämmrigen Becken mit wenigstens teilweise feinem, weichem Bodengrund zum Eingraben (Torf, Sand) und nicht zu hohem Wasserstand zu hausen. Auch Höhlenverstecke (Wurzeln, Steingrotten und -platten, halbe Kokosnußschalen) brauchen sie zu ihrem Wohlbefinden. Die Botien werden unter guten Pflegebedingungen viele Jahre alt. Die Fütterung ist problemlos, Prachtschmerlen nehmen alles (pflanzliche Zukost nicht vergessen!). Die Nahrung muß aber kräftig sein, gelegentlich Lebendfutter geben. Würmer mögen sie besonders gern. Wie bei den anderen Grundfischen ist auch hier darauf zu achten, daß genug Futter zum Boden gelangt, das die Schmerlen mit Hilfe ihrer Barteln, auf denen sich Geschmacksknospen befinden, aufspüren. Männchen und Weibchen lassen sich äußerlich nicht unterscheiden.

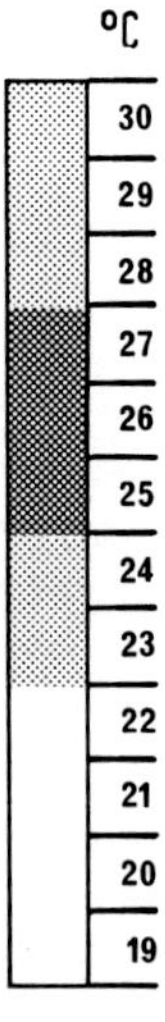

Schachbrettschmerle, Zwergschmerle, Sprinterschmerle
Botia sidthimunki
Die kleine Verwandte der oben beschriebenen *Botia-Art* — sie wird höchstens 6 cm groß — stellt die gleichen Pflegeansprüche und kann die Bodenzone fast aller Gesellschaftsbecken beleben. Ihr Hauptfanggebiet liegt auf dem Festland, in Thailand. Sie wurde dort in langsam fließenden Bächen gefunden. Diese winzigen Botien sind etwas lebhafter und unruhiger als die Prachtschmerlen und schwimmen neugierig an den Scheiben auch mal nach oben. Sie baggern unermüdlich den Bodengrund auf. Da das nicht ohne Mulmwolken abgeht, ist es nicht empfehlenswert, ihnen noch andere Wühler zuzugesellen. Unbedingt sollte die Schachbrettschmerle in einem kleinen Trupp gehalten werden, Einzeltiere sind bei weitem nicht so munter.
Das Futter muß ihren kleinen Mäulern angepaßt sein; Lebendfutter, z. B. Tubifex, nehmen sie besonders gern.
Die *Botia*-Arten sollen in Gefangenschaft zwar schon nachgezüchtet worden sein, aber es sind keine Einzelheiten bekannt. Möglicherweise werden sie unter Aquarienbedingungen nicht geschlechtsreif. Es wurde auch schon vermutet, daß von manchen Zierfischarten, deren Zucht bis jetzt noch ein Geheimnis ist, von den einheimischen Händlern immer nur ein Geschlecht geliefert wird, um die Nachzucht im großen Stil zu verhindern. Will man Dorngrundeln aus dem Aquarium herausfischen, muß man aufpassen: Die Augendorne können schmerzhaft pieken oder sich in den feinen Maschen des Netzes verfangen. Wegen dieses Dorns nennen die Thailänder die Botien auch „Schweinsfische“. Die Dorne erinnern an die Hauer eines Wildschweins.

Grundfische

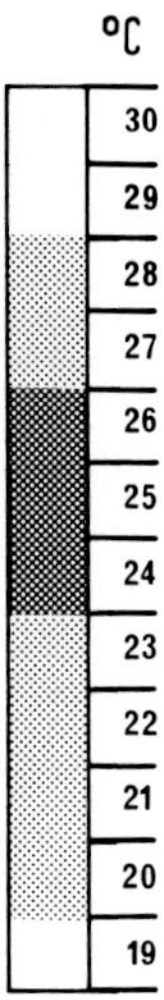

Familie Karpfenfische, Cyprinidae
Südostasien; Bergbäche

Feuerschwanz (-Fransenlipper) *Labeo bicolor*
Die Domäne des langlebigen, widerstandsfähigen Asiaten ist das mit Pflanzenbüscheln, Moorkienwurzeln, Höhlen oder anderen Schlupfwinkeln ausgestattete Erdgeschoß des Aquariums. Er liebt gedämpftes Licht. Sein einmal in Besitz genommenes Revier verteidigt er heftig. Artgenossen gegenüber kann er sich ausgesprochen schlecht benehmen, so daß es sich empfiehlt, ihn in einem kleineren Becken nur einzeln zu halten. In der Fachliteratur kann man aber auch gelegentlich lesen, daß man besser mehrere Jungtiere gemeinsam aufwachsen lassen sollte. Hier muß jeder seine eigenen Erfahrungen sammeln. In größeren Becken, ausgestattet mit vielen Versteckmöglichkeiten, in denen jedes Tier ein eigenes Revier beherrschen kann, dürfte man erwarten, daß es nicht zu ernsthaften Streitereien kommt.
Zu anderen Arten ist der Feuerschwanz nicht „grantig", man kann ihn auch mit viel kleineren Fischen vergesellschaften. Er ist deshalb in unzähligen Gemeinschaftsbecken anzutreffen, zusammen mit Barben und Bärblingen, Lebendgebärenden Zahnkarpfen und Salmlern.
In seiner thailändischen Heimat kommt er hauptsächlich in fließenden, gelegentlich aber auch in stehenden Gewässern vor. Bis 30 cm lang soll er in der Wildnis werden, doch im Aquarium dürfte er nur 12 cm erreichen. Er frißt alles, was er vor das Maul bekommt. Keinesfalls darf es an pflanzlicher Zukost, beispielsweise chlorophyllhaltigem Trockenfutter oder überbrühtem Spinat fehlen. Als Algenvertilger macht er sich recht nützlich. Ein gutes Zeichen dafür, daß der Feuerschwanz sich richtig wohl fühlt, ist eine satte tiefschwarze Körperfarbe.
Über seine Zucht ist kaum etwas bekannt.

Familie Kaulquappengrundeln, Gyrinocheilidae
Südostasien; Bäche und Flüsse

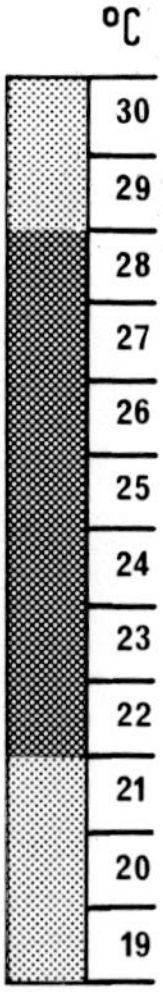

Saugschmerle (Siamesische), Fensterputzer, Algenfresser, Saugmaul *Gyrinocheilus aymonieri*
Der Name sagt es schon, wie ungemein nützlich dieser Fisch aus Thailand ist, der die lästigen Algen beseitigt.
In seinen heimatlichen Gebirgsbächen und den Flüssen der Ebene heftet er sich fest an irgendeine Unterlage, damit er vom mitunter schnellströmenden Wasser nicht mitgerissen wird. Ein kräftig durchlüftetes Becken behagt ihm deshalb ganz naturgemäß. Wurzelwerk und Pflanzenverstecke sind ihm ebenfalls angenehm.
Er verträgt extreme Temperaturen, so daß man das geschäftige Tierchen (ein bis zwei Exemplare) in die verschiedensten Aquarientypen setzen kann. Er ist sehr friedlich, belästigt aber, wenn er älter ist, möglicherweise andere Arten: Er putzt dann nicht nur die Algen von der Scheibe, den Steinen und den Pflanzenblättern, sondern saugt sich auch an den Schuppenkleidern seiner Mitbewohner fest.
Während er in freier Natur eine Länge von etwa 25 cm erreichen soll, bringt er es im Aquarium auf höchstens 13 cm, aber das dauert seine Zeit. Zwar gilt der emsige Bodenbewohner als Selbstversorger, doch tut man gut daran, ihm hin und wieder auch mal zusätzliches Futter zukommen zu lassen (pflanzliche Nahrung und Trockenfutter).
Bisher ist es noch nicht gelungen, ihn im Aquarium nachzuzüchten.

Schwarmfische der unteren Wasserzone

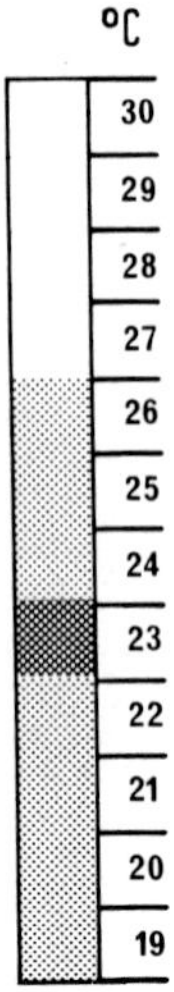

Familie Regenbogenfische, Melanotaeniidae
Nordostaustralien; Flüsse

Zwergregenbogenfisch *Melanotaenia maccullochi*
Die meisten beliebten Zierfische stammen aus Südostasien und Südamerika; auch in Afrika werden immer wieder neue Arten entdeckt, die sich für die Aquarienhaltung eignen. Nur ganz wenige Pfleglinge sind aus Australien zu uns gekommen. Einer dieser Vertreter ist der schillernde Zwergregenbogenfisch — ein idealer Aquarienbewohner. Auffällig ist seine zweigeteilte Rückenflosse.
Den lebhaften, friedlichen, etwa 8 cm langen Australier, der sich am liebsten in Bodennähe aufhält, kann man mit allen Fischen vergesellschaften, die gleich ihm nicht besonders wärmebedürftig sind und sich in einem langen, nicht zu dicht bepflanzten Becken mit viel Schwimmraum wohl fühlen. Das können Salmler sein, Barben, Bärblinge und Lebendgebärende Zahnkarpfen. Fürs „Parterre" eignen sich Panzerwelse und Saugschmerlen.
Die Zwergregenbogenfische fressen alles und lassen sich leicht züchten, allerdings nicht im Gesellschaftsbecken.
Das Weibchen ist etwas blasser gefärbt als das Männchen, das sich durch eine spitzere Rücken- und Afterflosse auszeichnet.
Jungtiere sind übrigens bei weitem nicht so hübsch in der Farbe; erst als Erwachsene sind sie richtige „Regenbogen"-Fische.
Auch seine nahen Verwandten, der Australische Perlmutterfisch *(Melanotaenia fluviatilis)* und der Regenbogenfisch *(Melanotaenia nigrans)* werden gern gepflegt; sie werden allerdings seltener im Fachhandel angeboten.

Familie (Echte) Salmler, Characidae
Südamerika; Waldbäche

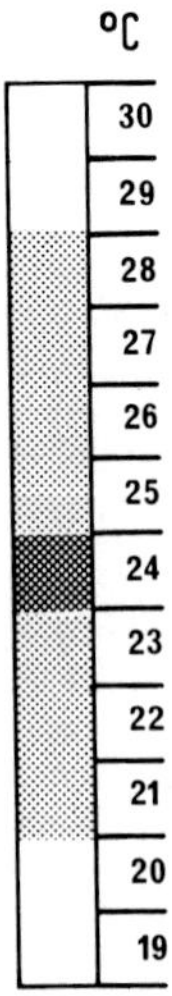

Glühlichtsalmler *Hemigrammus erythrozonus*
In den Waldgewässern Guayanas und in den Savannenbächen Paraguays ist der Glühlichtsalmler zu Hause. Als „Leuchtfisch" paßt er vorzüglich in ein Becken mit Neonfischen („Tropischer Regenwald").
Sehr temperamentvolle Fische sind als Gesellschafter nicht zu empfehlen; sie würden die kleinen, ungefähr 4 cm langen, ruhigen Fische stören. Typisch für ein Aquarium mit diesen Waldbewohnern sind ein dunkler Bodengrund, eventuell mit Torffasern bedeckt, und eine Schwimmpflanzendecke, die nur wenig Licht durchläßt. Die Pflanzen, die man auswählt, sollten deshalb nicht ausgesprochen lichtbedürftig sein.
Glühlichtsalmler sind keine sehr eifrigen Schwimmer; oft stehen sie geruhsam im dichten Pflanzenwald.
Männchen und Weibchen lassen sich an der Färbung nicht unterscheiden; ältere Weibchen sind etwas fülliger. Aber es gehört schon ein geschultes Auge dazu, um die Geschlechter an der Körperform zu erkennen. Glühlichtsalmler sind zwar anspruchslos und fressen alles, doch nehmen sie zur Abwechslung sehr gern Lebendfutter.
Sauberes Wasser ist zur Haltung dieser Fische besonders wichtig, da sie, wie viele Aquarianer bestätigen, etwas krankheitsanfälliger sind als die meisten anderen Salmler.
In älterer Aquarienliteratur findet sich für den Glühlichtsalmler noch die falsche Bezeichnung *Hyphessobrycon gracilis.*

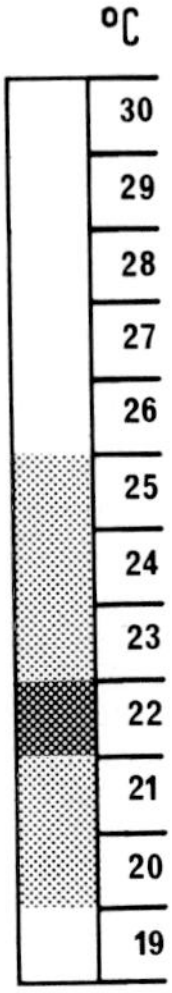

Schwarmfische der unteren Wasserzone

Familie (Echte) Salmler, Characidae
Südamerika; Uferzone schattiger Urwaldflüsse

Neonsalmler, Neontetra, Kolibrifisch *Paracheirodon innesi*
Im Gebiet des Oberlaufs des Amazonas (Rio Ucayali in Peru) wurde dieser „Wunderfisch" entdeckt. Seit 1936 begeistert er europäische Aquarianer. Inzwischen sind die Fachhandlungen nicht mehr auf den Import von Wildfängen angewiesen, sondern decken die Nachfrage aus dem Angebot der Großzüchtereien. Diese Aquarienstämme haben sich allmählich auch mittelhartem Wasser so gut angepaßt (in ihren heimatlichen Urwaldbächen ist das Wasser extrem weich!), daß sie sich in fast jedem Aquarium wohl fühlen. Neonsalmler sind ideale Fische für das Gesellschaftsbecken. Sehr viel größere Mitbewohner allerdings können ihnen gefährlich werden: Skalare beispielsweise sollen gelegentlich die kleinen Peruaner fressen. Erfahrene Aquarianer halten es auch nicht für richtig, Neonsalmler mit Keilfleckbarben gemeinsam zu pflegen, da der Neon es etwas kühler liebt als die wärmebedürftige Keilfleckbarbe. Doch mit einer Wassertemperatur von 24° dürften sowohl die Südamerikaner als auch die Ostasiaten zufrieden sein.
Der 4 cm lange Neonsalmler wirkt am allerschönsten in einem großen Schwarm (10 bis 20 Fische). Im „Keller" könnten Panzerwelse hausen. Recht attraktiv wirkt eine Gruppe Schrägschwimmer in Oberflächennähe. Lebendgebärende Zahnkarpfen passen auch in solch ein Becken.
Der Neonsalmler braucht Raum zum Ausschwimmen. Seiten und Rand des Beckens sollten aber dicht bepflanzt werden, z. B. mit *Echinodorus*, *Aponogeton*, Cryptocorynen und *Cabomba*. Schwimmfarne schirmen das Licht ab, der Boden ist dunkel (Basaltsplitt, eventuell Torffasern), ebenso die Rückwand. Eine malerische Moorkienwurzel sollte auch nicht fehlen.
Wählerisch im Futter sind die Neons nicht, aber man sollte auch sie abwechslungsreich ernähren und (kleines) Lebendfutter nicht vergessen.
Weibliche Neonsalmler sind an ihrem runderen Bauch von den Männchen, die sich durch eine ausgebuchtete Kehle auszeichnen, zu unterscheiden. Der robuste kleine Salmler hat eigentlich nur einen kleinen Schönheitsfehler: Er ist besonders anfällig für die durch Sporentierchen hervorgerufene sogenannte Neonkrankheit (rotes Band wird matt). Kranke Fische muß man, so weh es einem tut, sofort töten.

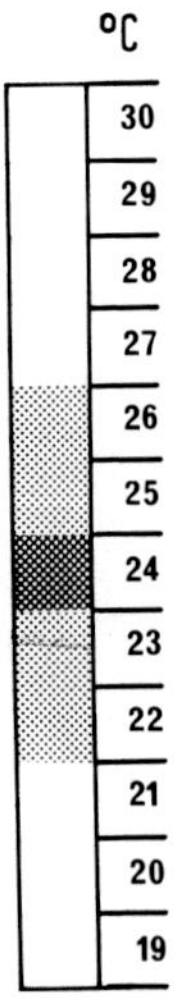

Roter Neon, Kardinaltetra *Cheirodon axelrodi*
Der Rote Neon — erst 1956 als Aquarienfisch importiert — ist ein typischer Vertreter der sogenannten „Schwarzwasserflüsse". Sein Fundort ist das Stromgebiet des Rio Negro, der in Kolumbien entspringt und bei Manaus (Brasilien) in den Amazonas fließt. Den typischen Bernstein-Farbton, die weiche und saure Beschaffenheit, erhalten die klaren Gewässer, die den Regenwald durchfließen, von den Blättern und Wurzelteilen der Bäume und kleinerer Pflanzen, die sich während der kurzen Trockenzeit in den später überschwemmten Fluß- und Bachtälern ansammeln.
Es gibt Wasserzusätze zu kaufen, mit denen man das Aquarienwasser andunkeln, den tropischen Waldbach nachahmen und die Wasserqualität etwas verändern kann. Die Hauptsache aber ist sauberes und klares Wasser. Manche Aquarianer schwören aufs humingesäuerte Tropenwasser, und andere meinen, im normalen Wasser kämen die leuchtenden Waldbewohner viel besser zur Geltung.
Hinsichtlich Pflege und Vergesellschaftung gilt, was auch beim Neonsalmler zu beachten ist.

Schwarmfische der unteren Wasserzone

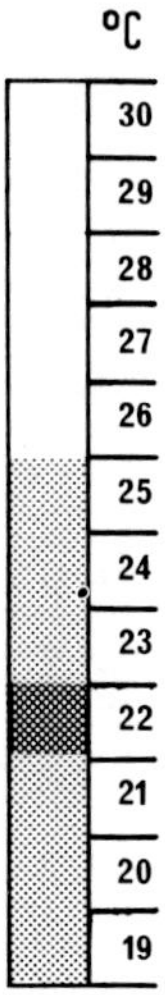

Familie Karpfenfische, Cyprinidae
Südostasien; träge fließende und stehende Gewässer

Prachtbarbe, Rote Barbe *Puntius conchonius*
Die Prachtbarbe kommt in Bächen, Teichen und Tümpeln im Norden und Osten von Indien sowie in Bangla-Desh vor. Sie gründelt gern am Boden, was bei der Aquarieneinrichtung bedacht werden muß: Wenigstens ein Teil des Bodengrundes soll mit weichem Sand bedeckt sein.
Die im Aquarium etwa 8 cm lang werdenden Barben brauchen viel freien Schwimmraum. Der Rand und die Seiten des Beckens werden dicht bepflanzt (Vallisnerien, Cryptocorynen, *Limnophila*), und ein Viertel der Oberfläche etwa wird mit Schwimmfarnen bedeckt, da manche Tiere sich gern einmal an dämmrigen Stellen ausruhen.
Prachtbarben sind sehr robust und werden im Sommer sogar in Freilandteichen gehalten. Bei höheren Wärmegraden jedoch sind sie prächtiger anzusehen. Sie fressen alles; vegetarische Zukost ist wichtig. Zur Laichzeit ist das Männchen herrlich rosarot gefärbt, und die Rückenflosse bekommt einen schwarzen Saum. Das Weibchen ist ein wenig dicker und behält sein helles, silbrig glänzendes Kleid. Von allen Barbenarten lassen sie sich wohl am leichtesten züchten.
Schon seit dem Jahre 1903 sind Prachtbarben beliebte Bewohner der verschiedenartigsten Gesellschaftsaquarien. Besonders gut passen sie zu anderen Arten der gleichen Gattung und zu den *Trichogaster*-Arten. In kühlerem Wasser kann man sie gut zusammen mit dem Kardinalfisch halten. Die lebhaften, aktiven Barben eignen sich weniger gut als Gesellschafter für sehr ruhige oder etwas nervöse Fische, wenn diese die gleiche Wasserzone bevorzugen. In Aquarien mit Wassertemperaturen über 25^{0} haben sie nichts zu suchen. Bei sachgemäßer Pflege werden sie ungefähr drei Jahre alt.

Südostasien; Wald- und Gebirgsbäche

Purpurkopfbarbe, Schwarzflossenbarbe *Puntius nigrofasciatus*

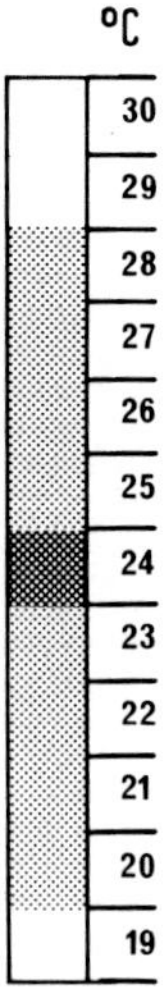

Ausdauernd, robust und ziemlich anspruchslos sind auch die etwa 6 cm langen Purpurkopfbarben aus Ceylon. Sie bewohnen dort die dicht verkrauteten, seichten Regionen langsam fließender und auch stehender Gewässer. Abgesehen davon, daß sie wärmebedürftiger sind als die Prachtbarben (siehe oben), gelten für sie die gleichen Pflegebedingungen. Auch sie sind bestens geeignet für die Haltung im Gesellschaftsbecken, nicht nur in Gemeinschaft mit asiatischen Fischen, sondern auch mit Südamerikanern oder Afrikanern, sofern sie gleiche Lebensansprüche stellen. Günstig ist es, wenn die Becken nicht zu hell sind, weil die Tiere dann viel hübscher aussehen.
Zur Laichzeit leuchten vor allem bei den Männchen die dunklen Querbinden auf purpurrotem Grund. Noch prächtiger gefärbt sind sie manchmal, wenn sie sehr erregt sind, z. B. zwei Männchen sich gegenseitig bedrohen. Normalerweise haben die Purpurkopfbarben einen hellen Körper, während der Kopf bei ausgewachsenen Männchen und Weibchen schön rot leuchtet. Weibchen tragen in der Regel ein eintöniger gefärbtes Kleid, ihre Flossen sind farblos oder nur ein bißchen getönt.
Purpurkopfbarben gelten als langlebig, sie sollen bei vernünftiger Pflege etwa acht Jahre alt werden können. Wichtig ist es, sie mit kräftigem und reichlichem Futter zu versorgen (Lebend- oder tiefgefrorenes Futter nicht vergessen!), denn nur so kommen sie auch in Laichstimmung und färben sich so prächtig, wie man es von ihnen erwartet.

Schwarmfische der unteren Wasserzone

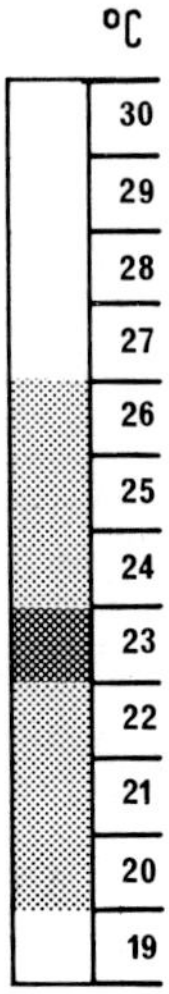

Familie Karpfenfische, Cyprinidae
Südostasien; Flüsse, Bäche und Seen

Eilandbarbe, Perlmutterbarbe *Puntius oligolepis* (neu: *Capoeta*)
In schnell fließenden, seichten Gewässern des Flach- und Hügellandes von Sumatra und auch in Seen ist die muntere, bis 5 cm lange Eilandbarbe zu Hause. Sie ist nicht ganz so schmuck wie die Pracht- oder die Purpurkopfbarbe, bildet aber zu diesen Barben einen hübschen Kontrast, wenn man sie gemeinsam in einem Becken hält. Im Dämmerlicht (Schwimmpflanzendecke!) kommt die Eilandbarbe am besten zur Geltung.
Dornaugen könnten in einem solchen Barbenbecken den Bodengrund beleben, zwei Pärchen Blaue Guramis die oberen Regionen.
Die Eilandbarben sind Allesfresser; sie gedeihen am besten, wenn man sie abwechslungsreich ernährt, ihnen auch pflanzliches Futter und kleines Lebendfutter gibt.
Die Männchen kämpfen manchmal miteinander, jedoch ohne sich gegenseitig zu verletzen. Typisch für sie ist die kupferfarbene, schwarz eingefaßte Rücken- und Afterflosse, die beim Weibchen gelblich schimmert.
Die Eilandbarbe ist schon seit 1914 in europäischen Aquarien heimisch. Ihre Zucht ist nicht schwierig, ausschlaggebend ist ein gut zueinander passendes Paar. Für ihre Haltung gelten dieselben Bedingungen wie für die anderen asiatischen Barben.
Die Systematik der *Puntius*-Arten — von einigen Fachleuten wird auch die Gattungsbezeichnung *Barbus* vorgezogen — ist wieder etwas komplizierter geworden: Manche Gattungen heißen neuerdings *Capoeta.* Um den Aquarianer nicht zu verwirren, ist in diesem Buch der alte Gattungsname vorangestellt worden; denn bis sich beispielsweise die Bezeichnung *Capoeta tetrazona* (Sumatrabarbe) durchgesetzt hat, werden erfahrungsgemäß viele Jahre vergehen.

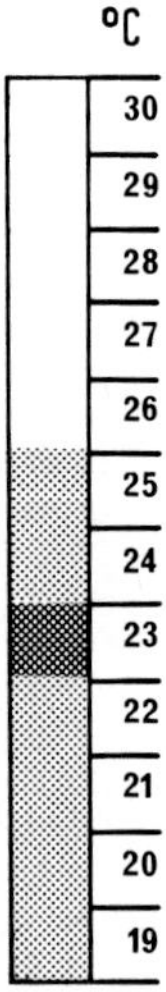

Brokatbarbe, Goldbarbe *Puntius semifasciolatus „schuberti“* (neu: *Capoeta*), möglicherweise eine Zuchtform der seltener gehandelten Messingbarbe (auch Hongkongbarbe, Halbstreifenbarbe, Grünbarbe, Semibarbe genannt)
Die Herkunft dieser hübschen Barbe — oft mit dem wissenschaftlich nicht anerkannten Namen *„Puntius schuberti“* bezeichnet — ist rätselhaft; sie kommt in der Natur nicht vor. Viele Ichthyologen haben sich der Meinung angeschlossen, daß es sich um eine gelbe (xanthoristische) Zuchtform von *Puntius semifasciolatus* handelt, die in Südostchina beheimatet ist. Andere halten sie für eine Mutation der Goldflossenbarbe *Puntius sachsi.*
Sie fand sich zum ersten Mal in der Zucht des Amerikaners Tom Schubert. Dieser entwickelte einen reinrassigen Stamm und exportierte die Tiere auch nach Europa.
Die Brokatbarbe ist recht robust, im allgemeinen nicht gerade als sehr lebhaft zu bezeichnen. Das Weibchen wirkt plumper; anstelle des dunklen Längsbandes ist bei ihm (meistens) nur eine Fleckenzeichnung zu erkennen. Brokatbarben sollen bis 7 cm lang werden.
Die Beckeneinrichtung und Pflege entsprechen den Bedingungen, wie sie für die anderen Arten der Gattung beschrieben wurden (siehe Seiten 26 bis 30). Die Zucht der Brokatbarbe ist nicht leicht.

Schwarmfische der unteren Wasserzone

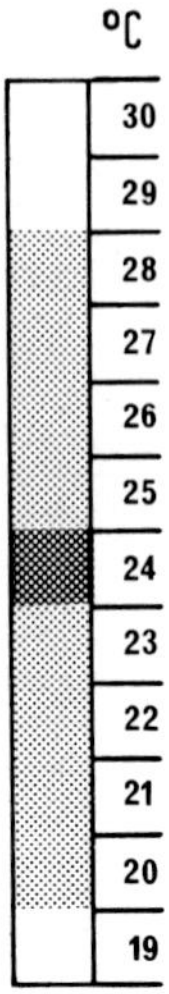

Familie Karpfenfische, Cyprinidae
Südostasien; stehende und fließende Gewässer

Sumatrabarbe, Viergürtelbarbe *Puntius tetrazona tetrazona* (neu: *Capoeta*)
Ganz oben in der Gunstskala der Aquarienfreunde steht die Sumatrabarbe, die nicht nur auf Sumatra, sondern auch auf anderen indonesischen Inseln gefunden wurde. Sie ist wie geschaffen für die Pflege im Gesellschaftsbecken, vorausgesetzt, man verzichtet auf die Haltung von langbefloßten Fischen, weil die Sumatrabarbe in dem nicht unberechtigten Verdacht steht, beispielsweise die großen Flossen von Skalaren zu zerzupfen oder gar anzuknabbern. Auch Fadenfische sind gefährdet. Werden Sumatrabarben nur zu zweit oder gar einzeln gehalten, kommt es manchmal zu unfreundlichen Auseinandersetzungen mit anderen Arten, deshalb ist die Haltung von mindestens einem halben Dutzend sehr anzuraten. Im übrigen passen sie zu den verschiedensten Besetzungen, man sollte aber bedenken, daß die Farben bei Temperaturen um 24°, eventuell noch wärmer, am schönsten sind. Nur allzuoft sieht man sie in der Gesellschaft von Fischen, die weitaus kühler gehalten werden, und ahnt gar nicht, daß sie sich bei etwas höheren Temperaturen viel besser entwickeln.
Die Sumatrabarbe wird im Aquarium höchstens 7 cm lang. Sie braucht viel Schwimmraum, die Bepflanzung kann etwas locker sein — besonders eignen sich die verschiedenen Cryptocoryne-Arten. Ein weicher Bodengrund fördert das Wohlbehagen, man kann die Sumatrabarbe öfter beim Gründeln beobachten. Hübsch wirkt es, wenn am Boden ein paar Büschel *Fontinalis* wachsen. Eine lockere Schwimmpflanzendecke ist ebenfalls empfehlenswert.
Sumatrabarben gelten als recht gefräßig; sie nehmen zwar alles, müssen aber regelmäßig auch Lebendfutter bekommen. Die Männchen lassen sich von den Weibchen dadurch unterscheiden, daß sie insgesamt röter wirken und auch schlanker sind. Zur Laichzeit ist die obere Kopfpartie intensiv rot. Sehr ähnlich im Aussehen und in ihren Ansprüchen ist die Teilgürtelbarbe *(Puntius tetrazona partipentazona)*, die aber leider weniger häufig angeboten wird. Neuerdings gibt es auch eine Albinoform der Sumatrabarbe.

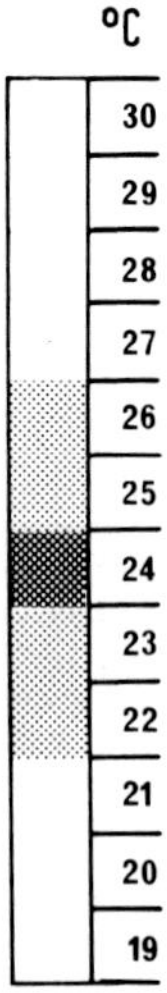

Südostasien; fließende Gewässer

Bitterlingsbarbe, Sherrybarbe *Puntius titteya* (neu: *Capoeta*)
In schattigen Bächen und kleinen Flüssen Ceylons, das jetzt Sri Lanka heißt, ist die etwa 5 cm lange Bitterlingsbarbe zu Hause. Im Aquarium ist sie manchmal ein wenig scheu und versteckt sich gern zwischen den Pflanzen. Sie liebt dämmeriges Licht und die Gesellschaft nicht allzu lebhafter anderer Fische.
Beim Füttern an pflanzliche Zukost denken. Bitterlingsbarben fressen auch gern weiche Algen.
Das besonders zur Laichzeit rot schimmernde Männchen ist schlanker als das vergleichsweise schmucklose Weibchen. Bitterlingsbarben werden unter den gleichen Bedingungen gehalten wie die anderen Barben. Sie sind ebenfalls ideal für das Gesellschaftsbecken. In ein Aquarium mit Fadenfischen, beispielsweise *Trichogaster*-Arten, die unter Umständen von zupfenden Sumatrabarben belästigt werden, passen statt dessen ganz ausgezeichnet die Bitterlingsbarben.
Insgesamt werden in Aquarien ungefähr 30 verschiedene südostasiatische Barbenarten gepflegt.

Schwarmfische der Mittelzone

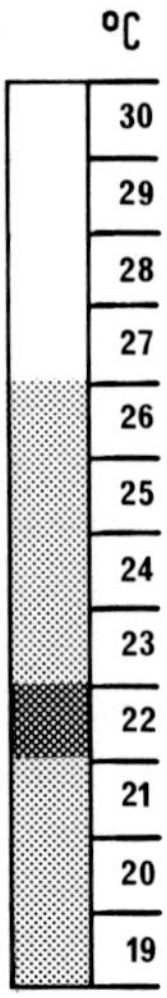

Familie (Echte) Salmler, Characidae
Südamerika; Flüsse und Bäche

Rotflossensalmler *Aphyocharax rubropinnis*
Der sehr verträgliche, lebhafte Argentinier hält es vorübergehend auch bei niedrigeren Temperaturen aus; denn in seiner Heimat ist es nicht so warm wie im tropischen nördlichen Südamerika. Er wurde im Stromgebiet des Rio Parana und des Rio de la Plata gefunden.
Männchen und Weibchen — beide werden höchstens 5 cm lang — sind völlig gleich gefärbt, aber die Männchen sind etwas schlanker. Die Zucht ist nicht schwierig.
Ältere Aquarianer meinen, der Rotflossensalmler sei heutzutage nicht mehr so schön gefärbt wie früher. Er hätte durch die Zucht in großem Stil vor allem das leuchtende, satte Rot in den Flossen eingebüßt.
Als unermüdliche Schwimmer brauchen die Rotflossensalmler viel Bewegungsraum, deshalb sollte das Becken nicht dicht bepflanzt sein, am besten nur am Rand (z. B. mit *Cabomba, Heteranthera, Elodea)*. Die Fische halten sich auch öfter in Oberflächennähe auf.
Das Herausfangen der schnellen Flitzer ist übrigens eine Geduldsprobe; man muß sehr vorsichtig vorgehen, um die Fischchen, die sich leicht im Netz verhaken können, nicht zu verletzen. Kenner empfehlen, dies in den späten Abendstunden zu tun, wenn das Aquarium schon dunkel ist.
Ist das Aquarium groß genug, kann man noch einen Schwarm einer anderen Art dazusetzen, die vorzugsweise die unteren Wasserschichten beleben sollte, z. B. Regenbogenfische, die zwar aus Australien stammen, aber etwa die gleichen Pflegeansprüche stellen, ebenso bescheiden und friedlich sind.
Als Bodenbewohner eignen sich ausgezeichnet Panzerwelse der Gattung *Corydoras* (im kleineren Becken) oder zwei bis drei Schwielenwelse (im größeren Becken). Lange, flache Behälter sind für diese Besetzung ideal.

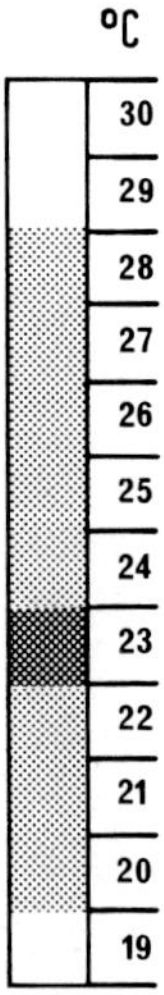

Talersalmler Talerfisch, Hochrückensalmler, Silbersalmler
Ctenobrycon spilurus
Aus den Fließgewässern der Küsten des nördlichen Südamerikas (Venezuela und Guayanaländer), wo er sich vorzugsweise in den Uferbuchten aufhält, stammt der schwimmfreudige Silbersalmler. Er wird bis 9 cm lang und sollte nicht mit wesentlich kleineren Fischen zusammen gepflegt werden, denn ihnen gegenüber kann er eventuell aggressiv werden. Sonst ist er ausgesprochen friedlich. In kleinen Aquarien fühlt er sich nicht recht wohl. Ein großes, langes, an den Seiten und im Hintergrund bepflanztes Becken *(Heteranthera, Ludwigia, Cabomba)* braucht er, als Vielfraß auch nicht zu wenig Trocken- und Lebendfutter.
Der Talersalmler gilt als sehr robuster Fisch, dem auch gelegentliche Temperaturschwankungen nicht sehr viel ausmachen.
Das Weibchen ist im allgemeinen etwas fülliger und manchmal auch etwas größer. Die — verglichen mit anderen Salmlern — mangelnde Farbenpracht des Talersalmlers gleicht er durch ein unwahrscheinlich temperamentvolles Liebesspiel aus. Ein Schwarm Silbersalmler sollte möglichst von Jugend auf zusammen sein. Auf Nachwuchs im Gesellschaftsbecken kann man allerdings nicht hoffen, da die Jungen erst bei einer Temperatur von etwa 26° schlüpfen — Wärmegrade, die für die Normalhaltung nicht zu empfehlen sind.

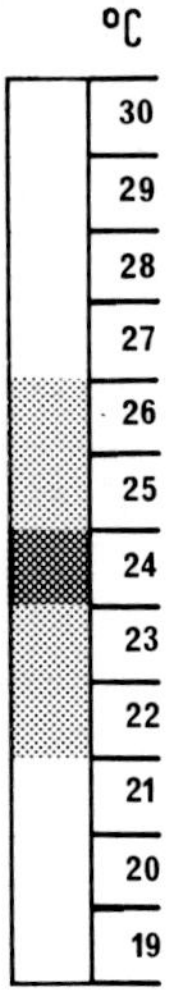

Schwarmfische der Mittelzone

Familie (Echte) Salmler, Characidae
Südamerika; Flüsse

Trauermantelsalmler, Schwarzer Tetra *Gymnocorymbus ternetzi*
Die Heimat dieses knapp 6 cm lang werdenden Salmlers ist das sumpfige Schwemmland am Oberlauf des Rio Paraguay. Er schwimmt sich gern aus, muß sich aber auch einmal in einen dichten Pflanzenbestand *(Vallisneria, Heteranthera, Sagittaria, Myriophyllum)* zurückziehen können. Schwimmpflanzen nicht vergessen!
Die Trauermantelsalmler bilden oft Reviere, die sie notfalls auch verteidigen. Ältere Tiere, die aus einem Schwarm übrigbleiben, ohne daß neue Tiere hinzugekauft werden, sollte man in der Regel nicht behalten, weil sie recht ruppig werden können.
Junge Tiere sind tief samtschwarz, ältere Tiere ergrauen und sind nicht mehr so ansehnlich. Erfahrene Aquarianer schaffen es aber mit besonderen Pflegemethoden, daß auch ältere Exemplare schön dunkel bleiben.
Das etwas kleinere Männchen hat eine Schwanzflosse mit weißen Spitzen, während die des Weibchens farblos ist, aber diese feinen Unterschiede sind mitunter kaum zu erkennen.
Diese Tetras gelten als Vielfraße, sind aber sowohl mit Trocken- als auch mit Lebendfutter leicht zufriedenzustellen. Bevorzugt werden Mükkenlarven. Als Gesellschafter eignen sich der Rote von Rio, der Rotflossensalmler, *Hyphessobrycon-* und *Hemigrammus*-Arten oder der Stieglitzsalmler. Für den Bodengrund bieten sich die Panzerwelse an. Grundsätzlich empfiehlt es sich, lieber von einer Art mehr Tiere einzusetzen, als möglichst viele Salmler zu sammeln. Lieber öfter die Tiere austauschen. Man lernt die Arten und ihre typischen Verhaltensweisen so viel besser kennen.

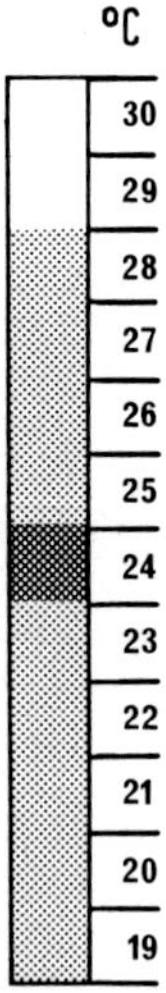

Rautenflecksalmler, Schwanzbandsalmler *Hemigrammus caudovittatus*
Der anspruchslose Argentinier (Fundorte um Buenos Aires) ist ein idealer Aquarienfisch. Man muß aber dafür sorgen, daß er zarte Aquarienpflänzchen nicht anknabbert, d. h. ihm vegetarische Zukost bieten: Tiefkühlspinat (Nachteil: verschmutzt das Becken), zarte, weiche Salatstückchen und Fertigfutter auf Pflanzenbasis. Vorsichtshalber sollte man keine feinfiedrigen Pflanzen, sondern eher z. B. Cryptocorynen einsetzen.
Zwar hält er es auch längere Zeit bei sehr kühlen Temperaturen aus, doch ist er weitaus hübscher, wenn er wärmer gehalten wird. Wer den Rautenflecksalmler womöglich in einem Kaltwasserbecken pflegt, hat gar keine Ahnung, wie prachtvoll er aussehen kann.
Wie für die meisten anderen Salmler gilt auch hier, daß die Männchen vergleichsweise etwas kleiner bleiben und noch etwas hübscher und schlanker sind als die Weibchen.
Der lebhafte Schwarmfisch, der im Aquarium eine Länge von etwa 7 cm erreicht, kann kleineren anderen Arten gegenüber gelegentlich etwas zänkisch sein. Man sollte ihm deshalb besser keine Winzlinge zugesellen. Mit größeren Fischen gibt es dagegen keine Schwierigkeiten. Es wurde beobachtet, daß er an den langen Flossen von Skalaren und den fadenartig ausgezogenen Bauchflossen von Guramis knabbert. Als Gesellschafter für Labyrinther ist er aber schon aus Temperaturgründen gar nicht geeignet. Leider wird gerade in dieser Hinsicht bei der Einrichtung eines Gesellschaftsbeckens oft gesündigt.

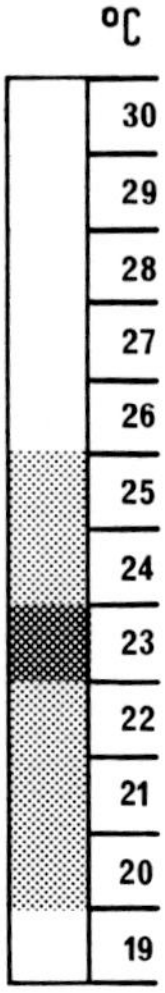

Schwarmfische der Mittelzone

Familie (Echte) Salmler, Characidae
Südamerika; Flüsse

Kupfersalmler, Bassamsalmler *Hemigrammus nanus* (früher: *Hasemania marginata, H. melanura)*
Die große Gruppe der Salmler bietet den Systematikern ein reiches Betätigungsfeld. Immer wieder werden Arten umbenannt, wenn die Wissenschaftler meinen, auf Grund anatomischer Merkmale oder Verhaltensweisen müßten manche Fische doch anders klassifiziert werden. Das ist kürzlich beispielsweise mit dem *Hemigrammus nanus* alias *Hasemania marginata* geschehen.
Der höchstens 5 cm lange Kupfersalmler (Männchen bleiben kleiner) kommt erst in einem großen Schwarm richtig zur Geltung. Wenn er sich im freien Wasser ausgetobt hat, sucht er gern etwas Ruhe zwischen Pflanzenbeständen: *Vallisneria, Ludwigia* oder *Elodea.* Seine Heimat ist das südöstliche Brasilien, er wurde in der Gegend um Rio de Janeiro gefunden.
Ihm fehlt die für die Salmler typische Fettflosse.
Der Kupfersalmler frißt alles, gelegentlich auch Algen und kleine weiche Pflanzenteile.
Am besten vergesellschaftet man ihn mit anderen Arten, die ebenfalls nicht ausgesprochen wärmebedürftig sind. Es bieten sich viele Salmler an, wobei man möglichst solche Arten auswählt, die farbliche Kontraste zum Kupfersalmler bilden, also nicht gerade Fische, in deren Schuppenkleid ebenfalls das Rot dominiert. Statt weiterer Salmlerschwärme können es zur Abwechslung Barben sein. Auch mit Lebendgebärenden Zahnkarpfen verträgt er sich gut.

Südamerika; dunkle Waldgewässer

Schlußlichtsalmler, Leuchtfleckensalmler, Rücklichtsalmler, Laternenträger *Hemigrammus ocellifer*

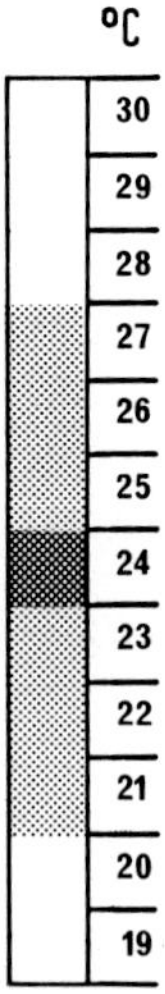

Dieser Waldbewohner (Hauptfanggebiete: Venezuela, im Stromgebiet des Orinoco; Guayana; Nordbrasilien, Amazonas und seine Nebenflüsse) fühlt sich in einem als „Südamerikanischer Regenwald" eingerichteten Aquarium besonders wohl. Er bevorzugt allerdings nicht so deutlich die Bodennähe wie die Neonfische und Glühlichtsalmler, seine Verwandten. Oft sieht man ihn im freien Wasser umherschwimmen, manchmal sogar unter der Schwimmpflanzendecke an der Oberfläche stehen.
Schon seit 1910 bevölkert der höchstens 5 cm lange Schwarmfisch europäische Aquarien, und nach wie vor ist er sehr populär. Es gibt übrigens zwei Formen dieser Art, die sich nur dadurch unterscheiden, daß *Hemigrammus ocellifer ocellifer* einen auffälligen Schulterfleck besitzt und *Hemigrammus ocellifer falsus* nicht.
Die Männchen bleiben mitunter etwas kleiner und sind vergleichsweise schlanker. Der Leuchtfleck auf der Schwanzwurzel dient in den dunklen Urwaldbächen wohl als „Positionslampe", damit die Mitglieder des Schwarms einander nicht verlieren.
Wählerisch im Futter sind die Waldbewohner eigentlich nicht, aber Hüpferlinge, Wasserflöhe und andere lebende Nahrung bevorzugen sie deutlich.
Beim Herausfangen der Fische aus dem Behälter bleiben manche Tiere im Netz hängen. Es handelt sich dabei um Männchen, deren Afterflossenstrahlen zum Teil eine Art Häkchen bilden, mit denen sie sich leicht verfangen.

Schwarmfische der Mittelzone

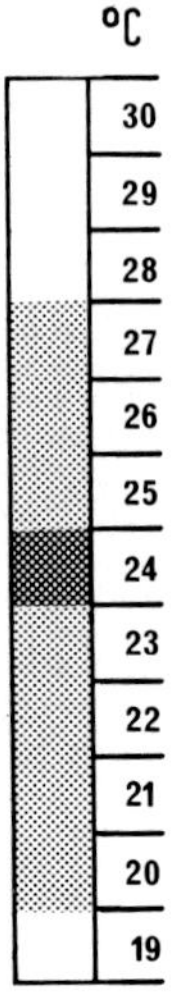

Familie (Echte) Salmler, Characidae
Südamerika; Flüsse

Blutsalmler, Serpasalmler *Hyphessobrycon callistus*
Zum Glück braucht sich ein Normalaquarianer nicht mit der komplizierten schwierigen Systematik der *Callistus*-Gruppe herumzuplagen, denn in der Pflege sind sie alle gleich, ob sie nun Blut-, Serpa-, Minor-, Rosen-, Bentosi-Salmler heißen oder es sich gar um Kreuzungen handelt. Auch im Fachgeschäft sind sie oft falsch benamst, was jedoch kein Wunder ist, da selbst die Systematiker unter den Zoologen sich nicht ganz einig sind und verschiedene Ordnungsvorschläge unterbreiten. Um die Vielfalt der Formen besser in den Griff zu bekommen, bezeichnet man die einzelnen Varianten mit drei Namen, beispielsweise *Hyphessobrycon callistus bentosi.* Die Unterschiede zeigen sich in der Färbung und im Schulterfleck, der entweder stark, wenig ausgeprägt oder gar nicht vorhanden ist. Unser Foto zeigt die Form *Hyphessobrycon callistus callistus.*
Die Gruppe der Blutsalmler ist in Südamerika weit verbreitet, vom Mittellauf des Amazonas über den Rio Madeira und den Rio Guaporé bis zur Quellregion im Mato-Grosso-Gebiet und im Oberlauf des Rio Paraguay. Mal findet sich die eine Form, mal ein anderer Verwandter; die Grenzen sind hier fließend. Welche Form auch immer man wählt — Blutsalmler bereichern ein Gesellschaftsaquarium durch ihre Schönheit ungemein. Sie werden bis 6 cm lang (die Männchen bleiben im allgemeinen kleiner) und sind normalerweise auch friedlich. Ältere Tiere können allerdings — wie manche Aquarianer beobachteten — unfreundlich werden und anderen Fischen die Flossen beschädigen. Solche Exemplare muß man dann entfernen.
Blutsalmler passen in jedes Becken, das Fische mit ähnlichen Temperaturansprüchen beherbergt. Besonders zu anderen Salmlern bilden sie einen hübschen Kontrast.
Blutsalmler schwimmen sich gern aus, lieben es aber auch, ruhig im dichten Pflanzenbestand zu stehen. Abwechslungsreich füttern.

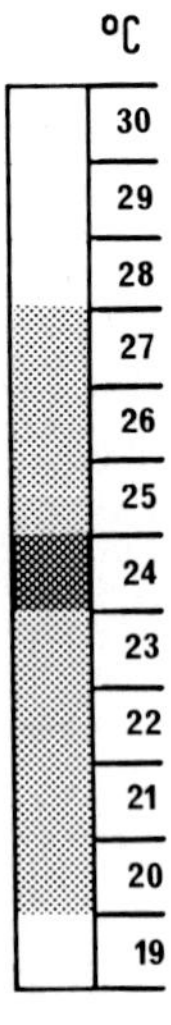

Südamerika; Savannengewässer

Roter von Rio, Feuersalmler *Hyphessobrycon flammeus*
Den Namen verdankt er seinem Fundort — er wurde in der Gegend um Rio de Janeiro entdeckt. Seit seiner Premiere als Aquarienfisch im Jahre 1920 zählt der etwa 4 cm lange Brasilianer zu den beliebtesten Pfleglingen. Er ist anspruchslos, ein Allesfresser und wunderhübsch gefärbt. Dem etwas größeren Weibchen fehlt lediglich der schwarze Saum der Afterflosse und das Schwarz in den Bauchflossenspitzen. Ältere Aquarianer behaupten, die früheren Roten von Rio seien viel prächtiger gewesen — die heutigen Aquarienstämme ließen sich mit ihren Ahnen gar nicht mehr vergleichen.
Wie alle seine Verwandten fühlt auch er sich nur im Kreis seiner Artgenossen wohl. Wenn der Rote von Rio einmal als etwas zänkisch beschrieben wird, dann stellt sich meist heraus, daß es sich um ein Einzeltier handelt. Der Rote von Rio ist recht temperamentvoll — besonders in der Laichperiode —, so daß die hart bedrängten Weibchen Verstecke vorfinden müssen. Also das Becken am Rand und an den Seiten dicht bepflanzen, aber freien Schwimmraum lassen. Die Brachydanios aus Südostasien sind besonders gut geeignete Mitbewohner. Aber auch mit den meisten anderen in diesem Buch genannten Arten verträgt er sich ausgezeichnet.

Schwarmfische der Mittelzone

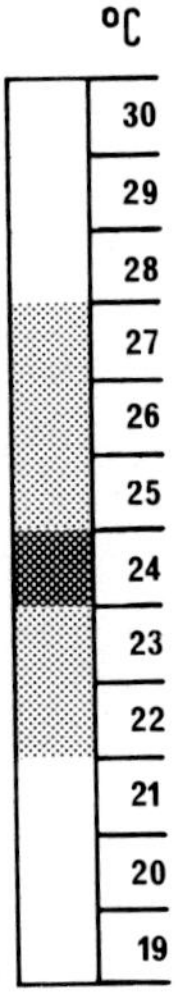

Familie (Echte) Salmler, Characidae
Südamerika; Flüsse und Bäche

Schmucksalmler *Hyphessobrycon ornatus*
Einer der schönsten Salmler ist der bis 6 cm lang werdende Schmucksalmler, besonders das Männchen mit seiner spitz ausgezogenen, sichelförmigen Rückenflosse. Aber auch das etwas kleinere Weibchen (gedrungener und mit abgerundeter Rückenflosse) ist eine Zierde für das Gesellschaftsbecken. Seine prächtige Färbung fällt besonders auf, wenn der Bodengrund dunkel ist. Die Heimatländer dieses herrlichen Fisches sind Guayana und Nordbrasilien (Amazonas und Nebenflüsse).
Der Schmucksalmler ist übrigens eng verwandt mit den Blutsalmlern (siehe S. 38). Der *Hyphessobrycon ornatus* wird nicht selten unter dem falschen Namen *Hyphessobrycon serpae* oder *Hyphessobrycon rosaceus* angeboten. Wahrscheinlich werden einige Arten dieser Gruppe wieder umbenannt werden.
Ein Schwarm Schmucksalmler ist eigentlich nicht gerade lebhaft, er zieht eher gemessen durch das Becken und steht auch manchmal ganz ruhig zwischen den Pflanzen.
Sehr temperamentvolle Fische sollte man den Schmucksalmlern nicht zugesellen, denn sie stören ihr Wohlbefinden. Mit allen anderen Fischen gleicher Pflegeansprüche vertragen sie sich sehr gut.
Wichtig für ihr Gedeihen ist eine abwechslungsreiche Ernährung, d. h. hin und wieder sollten sie kräftiges Lebendfutter, z. B. schwarze Mückenlarven, bekommen, dann entwickeln sie sich viel besser. Schmucksalmler sollen bei guter Pflege ungefähr fünf Jahre alt werden.

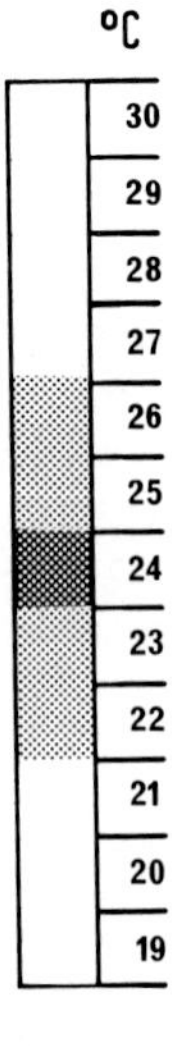

Zitronensalmler, Schönflossensalmler *Hyphessobrycon pulchripinnis*
Auch der Zitronensalmler wurde im Amazonasstromgebiet gefunden. Er scheint, wie die Fachleute vermuten, sowohl in hellen Gewässern als auch in dunklen Waldbächen zu Hause zu sein. Die Lebensgebiete eines tropischen Fisches sind recht ausgedehnt, nur an wenigen Stellen kann man ihn in freier Natur beobachten — die undurchdringliche Wildnis läßt einen neugierigen Forscher nur Vermutungen anstellen.
Der Zitronensalmler zählt zu den ruhigen Vertretern seiner Familie, deshalb muß man dafür sorgen, daß es an mehreren Stellen des Beckens Zufluchtsorte, auch dämmerige Stellen, gibt, an denen er sich sicher fühlen und kleine Reviere bilden kann. In kleinere Becken, in denen es nicht viele Möglichkeiten zum Zurückziehen gibt, sollten keine anderen ausgesprochen rasanten und unruhigen Fischschwärme eingesetzt werden.
Einen besonders hübschen Kontrast bilden sie zu rotgefärbten Fischen, z. B. aus der Gruppe der Blutsalmler und ihrer nahen Verwandten.
Hinsichtlich des Futters stellen Zitronensalmler keine besonderen Ansprüche: Sie fressen alles. Aber bei einseitiger Trockenfutterernährung entfalten sie nicht ihre ganze Schönheit.
Dieser Salmler erreicht eine Länge von 5 cm, die Männchen sind ein bißchen kleiner. Um die Geschlechtsunterschiede an der Färbung der Afterflosse zu erkennen, muß man schon ganz genau hinsehen. Der schwarze Saum ist beim Weibchen nur angedeutet.

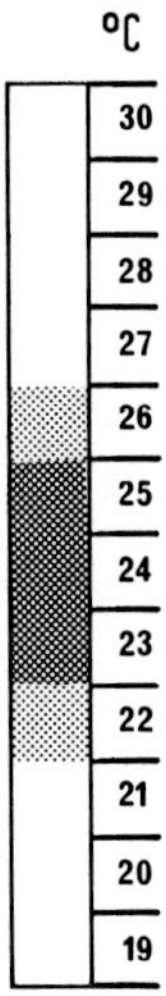

Familie (Echte) Salmler, Characidae
Südamerika; Bäche

Kirschflecksalmler, Tetra Perez, Perezsalmler, Blutströpfchen, Blutendes Herz *Hyphessobrycon erythrostigma* (früher *H. rubrostigma)*
Dieser dem Schmucksalmler sehr ähnliche Verwandte, der Ende der 50er Jahre aus Kolumbien zu uns kam, fällt vor allem durch den blutroten runden Fleck auf der vorderen Körperpartie auf.
Er ist sehr friedlich, unterscheidet sich im Verhalten und in seinen Ansprüchen nahezu gar nicht vom Schmucksalmler (siehe Seite 40), doch wird er etwas größer — manche Aquarianer sprechen sogar von fast 9 cm Länge. Hinsichtlich der Zucht gilt er als „Problemfisch".
Obwohl schon mehr als 1000 fürs Aquarium geeignete Salmlerarten aus Südamerika bekannt sind, werden immer wieder neue herrliche Fische dieser großen Familie importiert. Meistens handelt es sich dabei um „Tetras", d. h. Angehörige der Unterfamilie *Tetragonopterinae*, der Gattungen *Hemigrammus* und *Hyphessobrycon.*
Auch in Afrika ist die Salmlerfamilie recht verbreitet; man kennt etwa 200 Arten. Sie sind aber bei weitem nicht so populär wie ihre Kollegen des tropischen und subtropischen Südamerikas.

Stieglitzsalmler, Wasserstieglitz, Sternfleckensalmler, Glassalmler, Flaggensalmler *Pristella riddlei*
In pflanzenbestandenen Uferzonen kleiner Seitenarme größerer Flüsse, in Bächen, die meistens wenig Wasser führten, wurde dieser Salmler, der mit zu den beliebtesten zählt, gefunden: in Brasilien (Unterlauf des Amazonas) und in den Küstenregionen Venezuelas sowie der drei Guayanas und auf Trinidad.

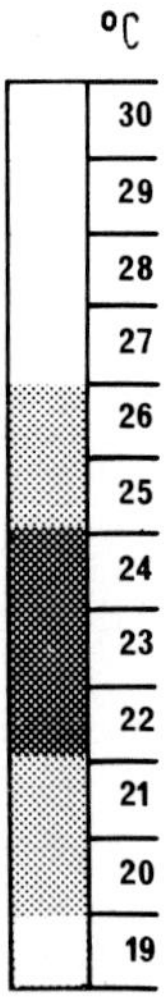

Ein langes Becken mit Rand- und Seitenbepflanzung, freiem Schwimmraum, vor allem möglichst vielen Artgenossen, braucht auch dieser Südamerikaner. Ziehen zehn, noch besser zwanzig Stieglitzsalmler durch das Becken, gewinnt man einen ganz anderen Eindruck, als wenn man nur zwei, drei Exemplare hält, die sich blaß und temperamentlos in den Pflanzen herumdrücken. Die Männchen bleiben ein bißchen kleiner als die etwa 5 cm langen, etwas rundlicheren Weibchen.
Die Zucht ist zwar nicht sehr schwierig, aber nur im Zuchtbecken möglich. Die Ernährung ist einfach; sie fressen alles.
Kristallklares, sauberes Wasser ist für das Wohlbefinden des Stieglitzsalmlers besonders wichtig.
Als ausgesprochenen Friedfisch kann man ihn, wie fast alle anderen südamerikanischen Salmler auch, in den verschiedensten Gesellschaftsbecken pflegen, zusammen mit anderen Salmlern (besonders gut eignen sich Neons und Schlußlichtsalmler), mit einem Barbenschwarm, mit Lebendgebärenden Zahnkarpfen und allen Bodenbewohnern, die ebenfalls eine Temperatur von 22 bis 24^0 bevorzugen. Wer das Schwarmverhalten der Stieglitzsalmler richtig kennenlernen möchte, sollte recht viele von ihnen pflegen und lieber auf eine andere Art verzichten.
Es gibt übrigens auch eine Albinoform des Stieglitzsalmlers, doch diese Varietät ist wenig attraktiv.

Schwarmfische der Mittelzone

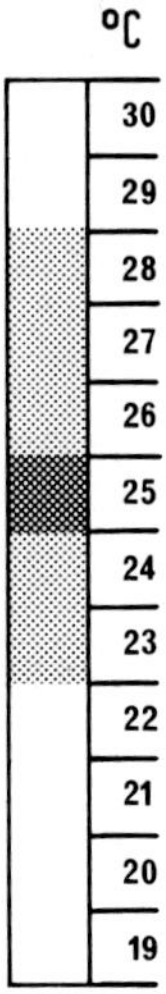

Familie (Echte) Salmler, Characidae
Afrika; Flüsse

Kongosalmler *Micralestes interruptus* (früher: *Phenacogrammus*)
Von einem Schwarm Kongosalmler, gepflegt in einem langen, geräumigen Becken mit dunklem Hintergrund und dunklem Boden, kann man den Blick kaum abwenden. Ziehen dann noch etwa zwei Dutzend Neonsalmler durch die Wurzellandschaft am Grund, durch die Blätter von Cryptocorynen, und spenden Schwimmpflanzen (z. B. *Ceratopteris*) ein beruhigendes Dämmerlicht, ist das Bild so schön, daß man eigentlich keine anderen Arten mehr dazusetzen sollte.
Bei dieser Zusammensetzung muß aber genau auf die Wassertemperatur geachtet werden; denn die Kongosalmler sind wärmebedürftiger als die Neonfische. Bei 24° C jedoch dürften sich beide Arten wohl fühlen.
Die scheuen Afrikaner aus dem Kongo und seinen Nebenflüssen dürfen nicht mit sehr unruhigen Fischen vergesellschaftet werden.
Während die männlichen Kongosalmler mit ihren schönen, großen, ausgezogenen Flossen 10 bis 12 cm lang werden können, schaffen die Weibchen meist nur knappe 8 cm. Bereits in früher Jugend läßt sich bei den Männchen ein weißer Afterflossensaum erkennen.
Eine schlechte Eigenschaft des Kongosalmlers: Er frißt oft zuviel. Deshalb mit Maßen, aber unbedingt abwechslungsreich und kräftig füttern: Von der Oberfläche holt er sich besonders gern Insekten und deren Larven; Mehlwürmer mag er (nicht viel davon geben) und Wasserflöhe; Trockenfutter nur zufüttern.

Familie Karpfenfische, Cyprinidae
Südostasien; kleine Flüsse

Kardinalfisch *Tanichthys albonubes*
Ein kleiner Chinesenjunge hat ihn entdeckt. Zum Aquarienfisch propagierten ihn dann geschäftstüchtige Händler. Der Fang des „Fisch des Tan aus den Weißen Wolkenbergen“ in den Flüssen der Gebirgsschluchten im Gebiet von Kanton wurde bald zu mühsam, — es war einträglicher, ihn in der Zierfischmetropole Hongkong zu züchten.

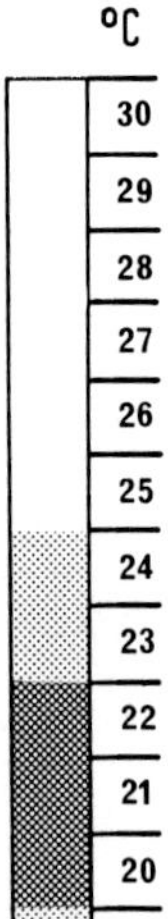

Der Name „Kardinalfisch“ wird übrigens auch manchmal für den *Cheirodon axelrodi* verwendet, deshalb aufpassen beim Kauf! Die Männchen sind intensiver gefärbt und etwas schlanker.
Der kleine, meist nur 4 cm lange Zierfisch ist so robust, daß man ihn sogar im ungeheizten Becken bei einer Zimmertemperatur von etwa 20° halten kann, zusammen beispielsweise mit der Prachtbarbe, dem Rotflossensalmler, dem Guppy, dem Zebrabärbling oder Panzerwelsen.
Bei Temperaturen von etwa 22° (keinesfalls aber über 24°!) läßt er sich gut mit Salmlerarten pflegen, die kühleres Wasser bevorzugen.
Kardinalfische brauchen viel Bewegungsraum, deshalb sollte das möglichst lange Becken nur an den Seiten und im Hintergrund bepflanzt werden, z. B. mit *Myriophyllum*-Büschen. Obwohl der Kardinalfisch sich vorwiegend in den mittleren Zonen aufhält, schwimmt er gelegentlich zum Gründeln auf den Boden. Da auch manche der oben empfohlenen Mitbewohner dies gern tun, sollte man wenigstens eine kleine Sandfläche zwischen sonst grobkiesigem Grund in der Aquarienarchitektur vorsehen.
Wichtig für das Wohlbefinden des anpassungsfähigen und robusten Chinesen ist, daß man ihn im Schwarm — mindestens sechs Exemplare — hält. Er frißt alles; Tubifex sollte man für ihn ein bißchen zerkleinern.

Fische der Mittelzone / Pflanzenverstecke

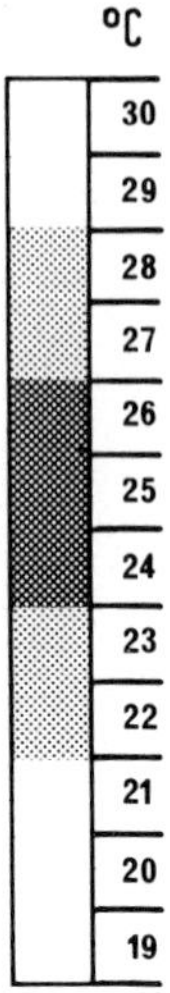

Familie Labyrinthfische, Anabantidae
Südostasien; flache, verkrautete Gewässer

Gestreifter Fadenfisch, Gebänderter Fadenfisch *Colisa fasciata*
Dieser vorwiegend in den Niederungen Nord- und Ostindiens, Bangla-Deshs, Burmas, Thailands und Malaysias vorkommende Labyrinther (oft mit dem bislang selten importierten, kleineren, auffallend dicklippigen *Colisa labiosa* verwechselt) ist anfangs im Aquarium scheu, später lebhaft, und manchmal sogar aggressiv. Er versteckt sich gern zwischen *Limnophila*, Cryptocorynen und unter Schwimmpflanzen, z. B. Indischem Wasserfarn.
Entsprechend seiner Größe (bis 12 cm) braucht er kräftige, abwechslungsreiche Nahrung — er frißt alles.
Der Gestreifte Fadenfisch ist nicht immer genauso gefärbt wie auf unserem Foto, denn gemäß seiner weiten Verbreitung existieren mehrere Lokalrassen. Die Männchen lassen sich von den Weibchen, sofern sie nicht noch sehr jung sind, leicht durch die spitzere Rücken- und Afterflosse sowie eine lebhaftere Färbung unterscheiden.
Im Gesellschaftsbecken werden wir das Männchen zwar nicht als Schaumnestbauer bewundern können, aber es macht auch Freude, ihn in einem „Asienbecken“ zusammen mit seinen Landsleuten zu beobachten: Je zwei Paare Gestreifte Fadenfische, Mosaikfische und Zwergfadenfische sowie mindestens ein Dutzend Keilfleckbarben — das ist eine Gemeinschaft, wie man sie auch in der freien Natur antreffen kann. Die unterste Etage sollte man für ein paar Dornaugen einrichten, mit weichem Grund zum Buddeln. Malerisch wirkt eine große Wurzel am Boden.

Zwergfadenfisch *Colisa lalia*
Ein sehr naher Verwandter des Gestreiften Fadenfisches ist der häufig in den Niederungen der großen indischen Stromgebiete des Brahmaputra und des Ganges anzutreffende (Rote) Zwergfadenfisch, der beliebteste Labyrinther. Er lebt im Schwemmland der Flüsse, in flachen und stehenden Gewässern aller Art.
Der etwa 5 cm lange niedliche Zwergfadenfisch kommt nicht in so unterschiedlichen Färbungen und Größen vor wie der Gestreifte.
Anfangs ist er im Aquarium ein wenig scheu, doch das gibt sich meist nach einiger Zeit. Das Männchen erkennt man an der wesentlich hübscheren Färbung; beim Weibchen sind die Punktreihen auf bräunlichem Untergrund weniger auffallend.
Die Labyrinthfische besitzen zusätzlich zu ihren nicht sehr gut entwickelten Kiemen ein weiteres Atemorgan, das „Labyrinth“. Mit ihm können sie auch atmosphärische Luft aufschnappen, was in ihren oft sauerstoffarmen Lebensräumen sehr wichtig ist. Die Tatsache, daß Labyrinther-Fundorte beschrieben wurden, in denen fast unglaublich hohe Temperaturen gemessen wurden, ist kein Grund, ihnen auch als Aquarienbewohner dieses Milieu bieten zu wollen: Sie können sich zwar unter Umständen extremen Lebensbedingungen anpassen, aber länger leben und besser gedeihen sie bei Temperaturen unter 30° und bei normalem Sauerstoffangebot. Sie sind Allesfresser.
Labyrintherbecken sollten übrigens einen niedrigen Wasserstand haben (ungefähr 20 cm) und gut abgedeckt sein. Die warme, zwischen Wasserfläche und Glasscheibe zirkulierende Luft verhindert, daß die Fischchen sich beim Auftauchen erkälten. Die Schwimmpflanzendecke darf nicht die ganze Oberfläche bedecken, es müssen freie Stellen zum Luftholen gelassen werden.

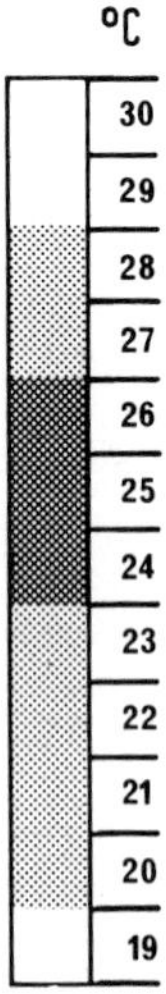

Fische der Mittelzone / Pflanzenverstecke

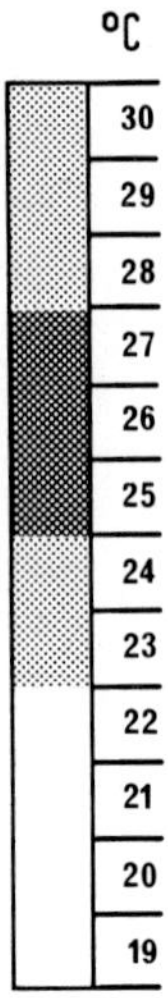

Familie Labyrinthfische, Anabantidae
Südostasien; flache, verkrautete Gewässer

Mosaikfadenfisch *Trichogaster leeri*
In den Überschwemmungsgebieten der Flüsse des Flach- und Hügellandes Thailands, Malaysias und Indonesiens (auf Sumatra und Borneo) ist der Mosaikfadenfisch zu Hause. Er liebt seichte, dicht bewachsene Regionen — im freien Wasser zeigt er sich fast nie. Er ist etwas scheu.
Trotz seiner Größe — der Mosaikfadenfisch dürfte im Aquarium etwa 12 cm lang werden — kann man ihn ohne Bedenken mit kleinsten Fischen vergesellschaften. Er läßt sie in Ruhe, möchte aber selber auch nicht durch aufgeregte Schwimmer gestört werden. *Colisa*-Arten und Keilfleckbarben garantieren Harmonie. Wenn das Becken groß und architektonisch so gegliedert ist, daß jede Fischart ihr Revier abstecken kann und sie sich gegenseitig nicht auf die Nerven gehen, kann man es auch wagen, noch andere Arten einzusetzen — z. B. südamerikanische Salmler wie *Hemigrammus ocellifer*. Bei der Pflanzenauswahl muß man ebenfalls darauf achten, daß man solche aussucht, die hohe Temperaturen vertragen (z. B. *Limnophila, Ceratopteris, Hygrophila,* Cryptocorynen). Eine Schwimmpflanzendecke als Lichtfilter ist wichtig, den Boden kann feinkörniger Kies bedecken, und eine schöne Wurzel bringt Abwechslung in die Bodenlandschaft.
Der Wasserstand soll nicht hoch sein (ungefähr 20 cm). Sind mit dem Mosaikfadenfisch Arten vergesellschaftet, die sich gern ausschwimmen, Salmler zum Beispiel, muß man die Abmessungen aber so wählen, daß auch sie sich wohl fühlen, d. h. das Becken muß auch eine gewisse Länge haben. Ein solches Aquarium würde nun beispielsweise einem Pärchen Skalare, das ein hohes Becken haben soll, gar nicht behagen. Sumatrabarben knabbern möglicherweise an der lang ausgezogenen, fadenartigen Bauchflosse der *Trichogaster*-Arten. Andere Barben dagegen sind empfehlenswert.
Die vergleichsweise etwas kleineren Mosaikfadenfisch-Weibchen sind weniger intensiv gefärbt, und ihre Rückenflosse ist abgerundeter als die spitzere der Männchen. Diese wiederum zeichnen sich durch ein besonders prächtiges Hochzeitskleid aus. Mosaikfadenfische sind Alles- und Vielfresser, sie mögen recht gern auch Pflanzliches.

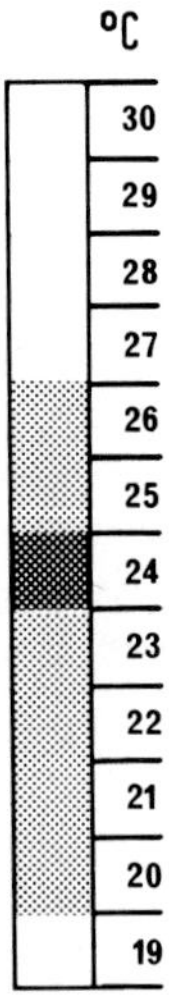

Blauer Fadenfisch, Gurami *Trichogaster trichopterus sumatranus*
Die blaue Varietät des Punktierten Fadenfisches wird weitaus mehr gepflegt als die Stammform *Trichogaster trichopterus,* die außer in Indonesien auch in Thailand, Malaysia und Südvietnam gefunden wurde. Seine Haltung entspricht der des *Trichogaster leeri.*
Auf unserem Bild sieht man über dem Blauen Gurami, wie er auch genannt wird, einen nahen Verwandten, den Marmorgurami *(Trichogaster trichopterus „cosby“).* Cosby hieß der amerikanische Züchter, der diese Mutante zum ersten Mal züchtete.
Die Tiere leben in ihrer Heimat oft unter extrem schlechten Bedingungen, in überhitzten Bewässerungsgräben, schmutzigen Teichen und in sonnendurchglühten Reisfeldern. In sauberem, wohltemperiertem Wasser jedoch fühlen sie sich sehr viel wohler, was man an ihren Körperfarben und ihrem Benehmen leicht ablesen kann.
Fadenfische werden die *Trichogaster-* und *Colisa*-Arten genannt, weil ihre Bauchflossen fadenartig verlängert sind. Mit diesen, Insektenfühlern vergleichbaren, mit Tast- und Riechzellen ausgestatteten, sehr beweglichen „Fäden“ finden sie sich gut im Pflanzengewirr zurecht.

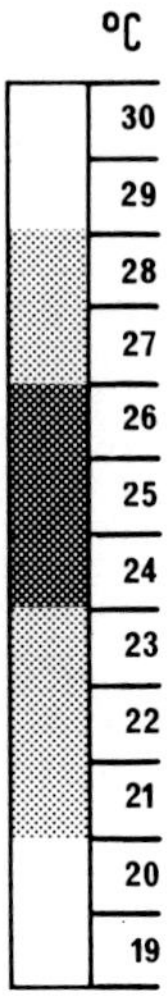

Fische der Mittelzone / Pflanzenverstecke

Familie Labyrinthfische, Anabantidae
Südostasien; planktonreiche Gewässer aller Art

Küssender Gurami *Helostoma temmincki*
Weil sie so originell sind — zwei Guramis vergnügen sich stundenlang mit Maulzerren („Küssen") —, schwimmen sie bei vielen Liebhabern im Gesellschaftsbecken. Das Aquarium darf keinesfalls „wie geleckt" aussehen; Algen sind für ihr Gedeihen wichtig.
Diese Guramis werden in freier Natur, in den Reisfeldern Thailands, Malaysias und Indonesiens, ziemlich groß, aber im Aquarium bleiben sie lange klein und niedlich. Sie sind friedlich, ziemlich anspruchslos und verdienen ihr Brot sogar selber, als „Rasenmäher": Mit den wulstigen, fein bezahnten Lippen raspeln sie die Algen von jeder Unterlage ab. Man sollte zusätzlich feines (!) Trocken- und Lebendfutter geben.
Es wird sowohl eine fleischfarbene Zuchtform (häufiger) als auch eine grün-grau-silbrige Wildform angeboten.
Die Geschlechter lassen sich erst unterscheiden, wenn die Tiere ziemlich groß sind, die Weibchen sind dann fülliger.
Das Becken kann mit *Limnophila*, Cryptocorynen und *Hygrophila* bepflanzt werden, ein Schwimmfarn bedeckt einen Teil der Wasseroberfläche.
Der friedliche Asiate harmoniert mit fast allen in diesem Buch vorgestellten Arten.

Familie Buntbarsche, Cichlidae
Südamerika; Flußufer

Skalar, Segelflosser, Blattflosser, Segelfisch *Pterophyllum scalare*
Der hochrückige Skalar (etwa 10 bis 15 cm lang, 18 bis 25 cm hoch) hält sich nicht gern im freien Wasser auf, viel lieber segelt er durchs Röhricht und Pflanzengewirr. Seine Hauptfanggebiete waren Guayana und Nordbrasilien (Rio Negro, Amazonas-Mittellauf und Rio Tapajoz). Jetzt kaufen ihn die Fachhändler von Großzüchtereien.

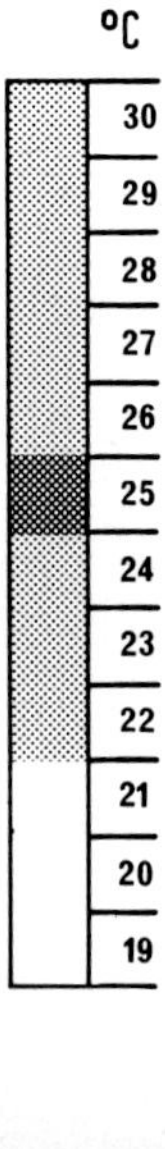

Der majestätische Skalar variiert in Form und Farbe. Beliebt sind die sogenannten Marmorskalare und die Schleier-Varianten.
Skalare gewöhnen sich mitunter auch an Trockenfutter, doch sollten sie dann wenigstens zusätzlich immer kräftiges Lebendfutter bekommen.
Skalare fühlen sich wohl in einem großen und ziemlich hohen Becken, das gut bepflanzt ist, beispielsweise mit Cryptocorynen, Riesen-Vallisnerien, *Echinodorus*, Sagittarien, *Cabomba*, und ihnen genügend Schlupfwinkel bietet. Bambusrohr eignet sich gut für die Aquarieneinrichtung. Ein Trupp Skalare bildet seine eigenen Reviere und läßt die anderen Fische in Ruhe. Sie fühlen sich allerdings unbehaglich, wenn ihnen sehr temperamentvolle Schwimmer ins Gehege kommen. Ihre Stimmung läßt sich, wie bei so vielen Buntbarschen, an der mehr oder weniger ausgeprägten Färbung der Querbänder ablesen. Geschlechtsunterschiede sind außerhalb der Laichzeit kaum festzustellen. Als Gesellschafter für Skalare eignen sich größere Salmler (keine Neons!), die unterste Etage können Zwergbuntbarsche oder Panzerwelse bewohnen, und nahe der Oberfläche schwimmen Lebendgebärende Zahnkarpfen.
Nur muß man für eine solche Gemeinschaft einen Aquarientyp auswählen, der allen Ansprüchen gerecht wird, z. B. ein Becken mit einer Mindesthöhe von 40 cm bei einer ebensolchen Tiefe und einer Länge von ungefähr 120 cm.

Schwarmfische der oberen Wasserzone

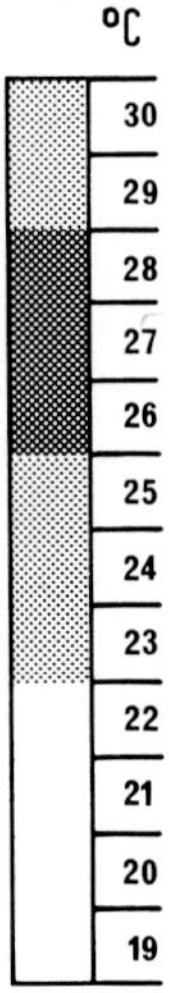

Familie Beilbauchfische, Gasteropelecidae
Südamerika; seichte Gewässer

Beilbauchsalmler, Beilfisch, Silberbeilbauchfisch, Kropfsalmler
Gasteropelecus sternicla
Dieser in Südamerika weit verbreitete „Kielbauch“ kann mit seinen kräftigen flügelartigen Brustflossen „fliegen“. Die Beobachtungen sind unterschiedlich — die Angaben reichen von knapp 2 m bis zu 4 m. Im Aquarium allerdings kann man die Tiere natürlich nur springen sehen. Das geräumige Becken muß deshalb vor allem langgestreckt, breit und gut abgedeckt sein! Die Beilbäuche wurden in Guayana, Surinam, Peru, Venezuela, in den brasilianischen Amazonasnebenflüssen, in Uruguay und Argentinien gefunden, in flachen Regionen langsam fließender oder auch stehender Urwaldgewässer, in Flüssen, Bächen, Teichen, Sümpfen. Entsprechend ihrer „oberflächlichen“ Lebensweise nehmen sie besonders gern Insekten (in der Natur: Anflugnahrung) und deren Larven, ab und zu auch Trockenfutter. Schwarze Mückenlarven sind beliebt.
In dem etwa zu zwei Drittel — eher noch weniger — mit Wasser gefüllten Becken sollten nur Fische anderer Arten leben, die ebenso friedlich sind wie der bis höchstens 7 cm lang werdende Beilbauch. Beispielsweise die mittlere Wasserzonen bevorzugenden Salmler und Grundfische. Eine dichte Rand- und Hintergrundbepflanzung ist wünschenswert; ebenso sollten großblättrige Schwimmpflanzen (freie Stellen lassen!) nicht fehlen. Wurzelwerk am dunklen Boden sieht hübsch aus.
Über die Geschlechtsunterschiede und Zucht des schon seit 1912 in Europa eingeführten „fliegenden Fisches“ ist nur wenig bekannt.

Familie (Echte) Salmler, Characidae
Südamerika; langsam fließende Gewässer

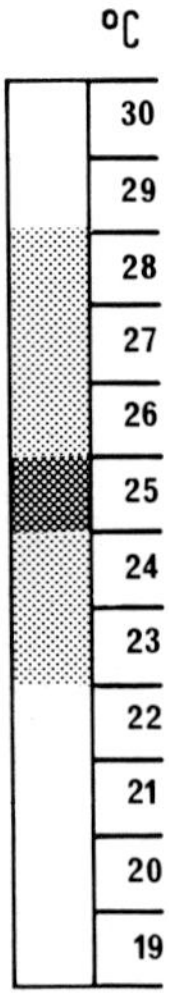

Schrägsalmler, Schrägschwimmer, Schwarzstreifensalmler *Thayeria boehlkei*
Durch seine Körperzeichnung, vor allem aber seine Schwimmhaltung, unterscheidet er sich auffällig von seinen Verwandten. Ein Schwarm Schrägsalmler ist ein hübscher Kontrapunkt beispielsweise zu Glühlichtsalmlern oder Blutsalmlern. Die Tatsache, daß sich die Schrägsalmler bevorzugt an der Oberfläche aufhalten, macht deutlich, daß in der freien Natur ein großer Teil ihrer Nahrung aus Anflugfutter bestehen muß. Kleine Insekten (Taufliegen) sollten deshalb auf der Speisekarte nicht fehlen. Sie fressen auch sonst alles, am liebsten aber von der Oberfläche weg. Ein langer Schwimmraum ist wichtig, doch Versteckplätze zwischen den Pflanzen muß es auch geben, eine teilweise Schwimmpflanzendecke empfiehlt sich ebenfalls. Die bis 8 cm lang werdenden Schrägschwimmer springen gern — Becken gut abdecken!
Gefunden wurde der Schrägsalmler in Peru (im Rio Maranon und im Amazonas) und im brasilianischen Gebiet des Oberlaufs des Amazonas. Das Schrägsalmlermännchen ist etwas zierlicher.
Als Gesellschafter für die Schrägsalmler eignet sich ausgezeichnet ein Pärchen der bodenbewohnenden Glänzenden Zwergbuntbarsche. Auch mit Skalaren, die sich gern in die Pflanzen zurückziehen, können sie eine harmonische Lebensgemeinschaft bilden, wenn man das Becken so auswählt, daß es sowohl hoch genug ist für die Skalare als auch genügend Schwimmraum bietet für die Salmler.

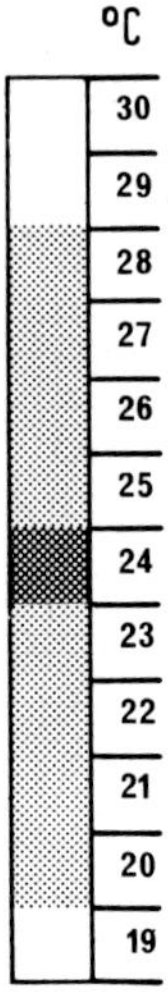

Schwarmfische der oberen Wasserzone

Familie Karpfenfische, Cyprinidae
Südostasien; freies Wasser

Schillerbärbling, Feuerdanio *Brachydanio albolineatus*
Hauptsächlich aus Fließgewässern, aber auch aus Teichen, Seen und den flachen Reisfeldern Burmas, Thailands, Malaysias und Sumatras stammt der lebhafte Schillerbärbling. Die dort 6 cm lang werdenden friedlichen Fische erreichen diese Größe in Aquariumnachzuchten kaum noch. Die Wildfänge dieses schon 1911 importierten Tieres sollen viel farbenprächtiger sein. Es existiert auch eine gelbliche Form — im Gesellschaftsbecken wirkt aber die Stammform schöner. Die Männchen sind vergleichsweise schlanker und auch intensiver gefärbt.
Die Allesfresser nehmen ihre Nahrung, Trocken- und zur Abwechslung kleines Lebendfutter, gern von der Oberfläche, sie suchen aber auch manchmal den Boden danach ab, jedoch ohne zu gründeln.
Ein langes, helles Becken mit viel Schwimmraum und mäßiger Bepflanzung (z. B. *Vallisneria, Elodea, Ludwigia, Vesicularia,* Cryptocorynen, *Limnophila, Nitella, Cabomba* oder *Myriophyllum*) ist ideal für Brachydanios. Weil sie aber gern springen, Aquarium immer abdecken!
Der Boden ist mit grobem Kies bedeckt; ein paar größere Steine und eine malerische Wurzel verschönern die Unterwasserlandschaft.
Es wurden zwar Fundorte beschrieben, an denen der Schillerbärbling gemeinsam mit der Keilfleckbarbe vorkam, aber es ist nicht ratsam, beide Arten in einem Aquarium zu pflegen: Die Farben des Schillerbärblings kommen bei Auflicht wunderbar zur Geltung, während die Keilfleckbarbe mehr Dämmerlicht und dichteren Pflanzenwuchs liebt und dunkler Bodengrund ihre Schönheit noch unterstreicht.
Dagegen paßt ein Schwarm Kupfersalmler oder Roter von Rio ganz ausgezeichnet zu ihnen. In einem solchen Becken ist immer etwas los: Die Fische spielen und jagen durch die Unterwasserlandschaft — sie scheinen gar nicht müde zu werden.

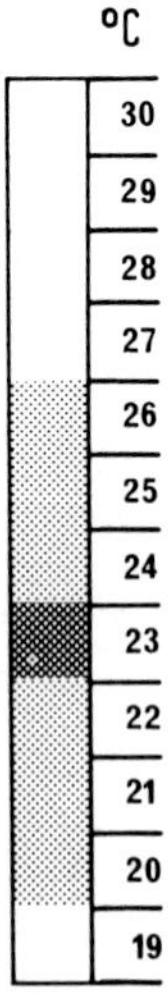

Leopardbärbling, Leoparddanio, Goldener Danio *Brachydanio frankei*
Über den Leopardbärbling, der in der Gestalt am meisten dem Zebrabärbling ähnelt (Mutation, Bastard?), weiß man nur, daß er aus einer Prager Züchterei stammt (1961) und mit keiner anderen der bekannten *Brachydanio*-Arten identisch ist. Da er aber so wunderhübsch ist, wurde er sehr bald auch über die Grenzen der Tschechoslowakei hinaus bekannt und sorgte für eine kleine Sensation unter den Aquarianern.
Er wird normalerweise etwa 4 cm lang — manche Autoren billigen ihm sogar 6 cm zu. Im übrigen treffen alle für den Schillerbärbling genannten Haltungsbedingungen auch für ihn zu.
Welche Umstände zu der von manchen Pflegern beobachteten auffälligen Abmagerung führen, wurde bisher nicht geklärt.
In ein Gesellschaftsbecken mit *Brachydanio*-Arten paßt entweder gut ein Schwarm Kardinalfische oder ein Schwarm südamerikanischer Salmler. Da die Brachydanios es jedoch gern hell haben, sollte man Salmler mit Leuchtfarben nicht mit ihnen vergesellschaften, weil diese in einem Becken mit dunklem Grund besser zur Geltung kommen. Zum Beleben der bodennahen Zone ist ein Schwarm Prachtbarben ideal.

Schwarmfische der oberen Wasserzone

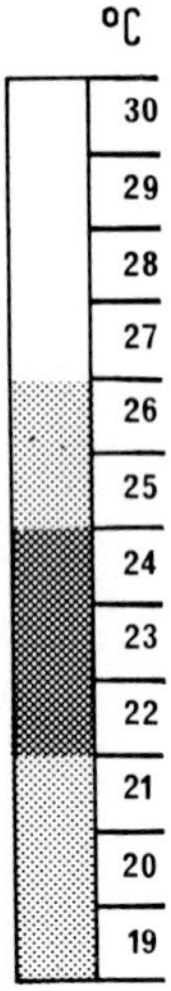

Familie Karpfenfische, Cyprinidae
Südostasien; freies Wasser

Tüpfelbärbling, Gesprenkelter Danio *Brachydanio nigrofasciatus*
Als Fangort wird meistens nur Burma angegeben. Der Tüpfelbärbling dürfte aber auch in stehenden und fließenden Gewässern der Nachbarländer anzutreffen sein.
Ein Schwarm Tüpfelbärblinge macht einen weniger lebhaften Eindruck als die anderen in diesem Buch beschriebenen nahen Verwandten. Hübsch sehen sie in einem Gesellschaftsbecken aus, und sie sind tatsächlich in jeder Hinsicht „gesellschaftsfähig".
Sie werden ungefähr 4 cm groß. Das Weibchen ist fülliger als das schlanke Männchen.
Die Pflegebedingungen sind leicht zu erfüllen: ein langgestrecktes Aquarium und gute, abwechslungsreiche Ernährung.
Ähnlich zu halten sind auch die etwas größeren *Danio*-Arten, z. B. *Danio malabaricus,* der Malabarbärbling; er wird leider seltener angeboten.

Zebrabärbling, Streifenbärbling *Brachydanio rerio*
Von den älteren Aquarianern wird beklagt, daß der Zebrabärbling (1905 zum ersten Mal importiert) „durch Inzucht und Massenproduktion nur noch ein Schatten seiner selbst" sei. Dennoch wird dieser alte Aquarienfisch sowohl von Anfängern als auch Liebhabern mit jahrzehntelanger Erfahrung gleichermaßen gern gepflegt. Während er früher soviel kostete wie heute ein Korallenfisch, ist er jetzt einer der billigsten Zierfische.
Der verträgliche und prächtige, bis 5 cm lange Ostinder ist ausgesprochen robust und sehr leicht zu züchten, allerdings nicht im Gesellschaftsbecken. Es lohnt sich aber sehr, sich zusätzlich ein kleines Extrabecken anzuschaffen und die Zucht zu versuchen.
Die Weibchen unterscheiden sich von den Männchen dadurch, daß sie etwas dicker sind.
Man setzt ein Paar in einen flachen Behälter mit einer Wassertemperatur von mindestens 25° C; der Boden ist mit einem Pflanzenbüschel oder einem Laichrost bedeckt. Meist laichen die Tiere in den ersten hellen Morgenstunden. Die Alten müssen gleich nach dem Liebesspiel herausgefangen werden, da sie sonst sofort das frische Gelege auffressen! Die junge Brut wird mit Staubfutter aufgezogen.
Das Gesellschaftsaquarium, in dem die Zebrabärblinge schwimmen sollen, muß möglichst lang und flach sein, denn diese Fische sind unermüdliche und rasante Schwimmer. Sie lieben das Licht und durchstreifen alle Wasserregionen; die Oberflächennähe wird jedoch bevorzugt. Das Aquarium sollte immer gut abgedeckt sein; denn die quicklebendigen Bärblinge springen auch gern.
Als Allesfresser sind sie leicht zu ernähren. Zebrabärblinge werden bei sehr guter Pflege etwa drei Jahre alt.
Sie vertragen auch kühlere Temperaturen, so daß man sie ohne Sorge im Hochsommer in einen Gartenteich setzen darf, z. B. zusammen mit Prachtbarben und Kardinalfischen. Im Zimmeraquarium passen sie besonders gut zu südamerikanischen Salmlern, aber auch zu den meisten anderen in diesem Buch vorgestellten Arten. Nur mit Fischen, die Dämmerlicht lieben, bilden sie keine ideale Gemeinschaft, obwohl sie sich gut vertragen: Es kämen weder die Bärblinge noch die „Schwarzwasserfische" richtig zur Geltung.

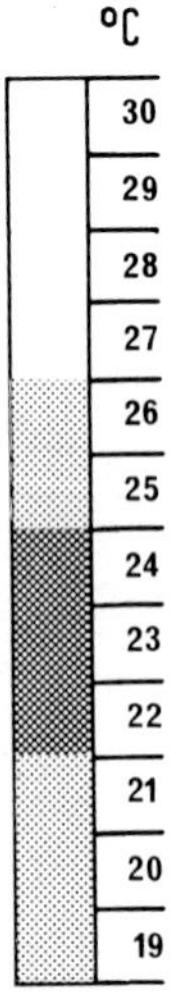

Schwarmfische der oberen Wasserzone

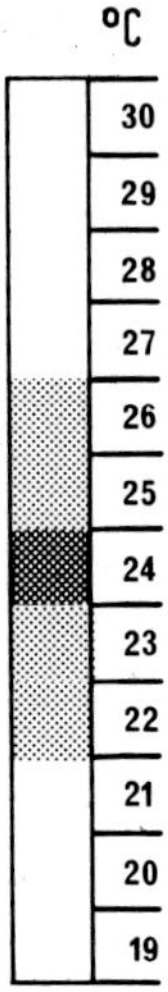

Familie Karpfenfische, Cyprinidae
Südostasien; stehendes und fließendes Gewässer

Leuchtaugenbärbling, Augenfleckrasbora *Rasbora dorsiocellata*
In Thailand, Malaysia und auf der indonesischen Insel Sumatra wurden diese lebhaften, ausdauernden und sehr verträglichen Fische gefunden, von denen es zwei Unterarten gibt: *Rasbora dorsiocellata dorsiocellata* und *Rasbora dorsiocellata macrophthalma.*
Die bis 6 cm lang werdenden Rasboren fressen alles, besonders gern kleines Lebendfutter.
Die Weibchen sind voller, und ihre Schwanzflosse wirkt gelblicher, während die des Männchens rötlich getönt ist.
Eine Schwimmpflanzendecke (z. B. *Ceratopteris*) sorgt für Dämmerlicht; der Bodengrund kann mit Torffasern bedeckt werden. Bepflanzt werden nur die Seiten und der Hintergrund, damit die Bärblinge sich ausschwimmen können. Zusammen mit anderen ostasiatischen Fischen kann man sie nach geographischen Gesichtspunkten pflegen, aber sie passen auch in Aquarien mit südamerikanischen oder afrikanischen Fischen.

Südostasien; kleine, stehende Gewässer

Keilfleckbärbling, Keilfleckbarbe *Rasbora heteromorpha*
Die rosaroten, schon 1906 in Europa eingeführten Keilfleckbarben begeisterten Fänger, Wissenschaftler und Aquarianer fast so sehr wie später die aparten Neonfische. Lange Zeit jedoch kam man nicht hinter das Zuchtgeheimnis, so daß immer wieder Fangreisen und Kontakte zu chinesischen Händlern organisiert werden mußten, um die unvorstellbar große Nachfrage zu decken. Mittlerweile ist ihr Fortpflanzungsverhalten, das sich von dem ihrer nächsten Verwandten wesentlich unterscheidet, erforscht worden, so daß ständig ein genügendes Angebot aus großen Zierfischzüchtereien zur Verfügung steht. Die Keilfleckbarbe ist im Gegensatz zu den anderen freilaichenden *Rasbora*-Arten ein Pflanzenlaicher! Da die Aquarienstämme bedeutend robuster sind als die empfindlichen Importtiere, kann man sie ohne Bedenken in normalem Leitungswasser halten, wenn es nicht außergewöhnlich hart ist. Zur Zucht allerdings braucht man extrem weiches Wasser.

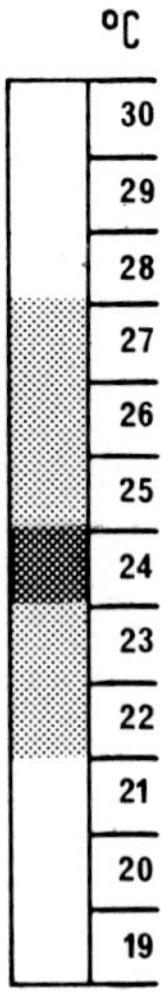

Männchen und Weibchen unterscheiden sich u. a. durch die Form des „Keilflecks“: Bei den männlichen Tieren ist die untere vordere Spitze etwas länger ausgezogen, außerdem wirken sie zierlicher, und sie sind auch lebhafter gefärbt. Um aber diese feinen Unterschiede zu erkennen, muß man ein guter Beobachter sein.
Die kleinen Fische (kaum länger als 4 cm) bewohnen in ihrer Heimat vor allem verkrautete Überschwemmungsgebiete, Gräben und Bäche; oft sind es nur kleine Pfützen oder Rinnsale. Sie fressen alles und schnappen gern kleines Lebendfutter von der Oberfläche.
Der Bodengrund sollte dunkel sein, eventuell mit Torfmull bedeckt (Vorsicht, wenig nehmen!), dann kommt der Keilfleckbärbling besonders gut zur Geltung. Auch gerbstoffhaltige Zusätze, die das Wasser dunkler färben, können verwendet werden. Als Pflanzen eignen sich Cryptocorynen, *Limnophila, Synnema, Ceratopteris* und *Hygrophila.*
Keilfleckbarben harmonieren naturgemäß außerordentlich mit *Trichogaster-* oder *Colisa*-Arten, mit anderen Rasboren und Dornaugen oder Botien. Bei der Vergesellschaftung mit südamerikanischen Salmlern ist darauf zu achten, daß die Wassertemperatur allen Insassen gerecht wird. Leider werden die Keilfleckbarben oft viel zu kühl gehalten.

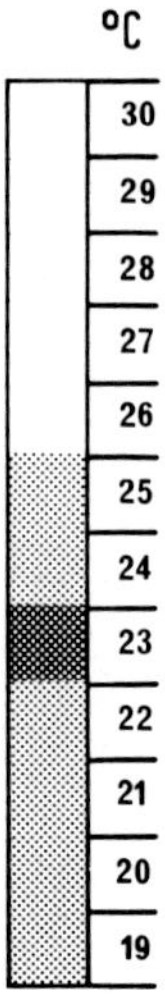

Schwarmfische der oberen Wasserzone

Familie Karpfenfische, Cyprinidae
Südostasien; Überschwemmungsgebiete

Scherenbärbling, Glasbärbling, Dreilinienbärbling *Rasbora trilineata*
Scherenbärblinge wurden in Thailand, Malaysia und auf den indonesischen Inseln gefunden. In der freien Natur werden diese Bärblinge bis zu 15 cm lang, im Aquarium schaffen sie kaum die Hälfte. Da sie ausgesprochen friedlich sind, ein munteres Wesen haben und alles fressen (Mückenlarven mögen sie besonders), sind sie vorzüglich fürs Gesellschaftsbecken geeignet. Der Behälter sollte möglichst groß und langgestreckt sein. Da die Bärblinge gelegentlich auch springen, muß man ihn gut abdecken.
Der Scherenbärbling bildet mit seiner charakteristisch gezeichneten Schwanzflosse und den metallischen Grautönen seines Körpers einen auffälligen Kontrast zu anderen, in allen Farben schillernden Arten, beispielsweise Brachydanios. Auch zu Salmlern paßt er gut, ebenso zu Lebendgebärenden Zahnkarpfen; und was am Boden schwimmt, stört ihn ohnehin nicht.

Fische der oberen Wasserzone

Familie Lebendgebärende Zahnkarpfen, Poeciliidae
Südamerika; flache, meist stehende Gewässer

Guppy, Millionenfisch, *Poecilia reticulata* (früher: *Lebistes*)
Der Guppy ist zwar sehr anspruchslos und überlebt — wenigstens für eine gewisse Zeit — auch bei geringen Temperaturen, eintönigem Futter und in „schlechter Gesellschaft". Lebhaft, farbig und kräftig jedoch ist er nur bei sorgfältiger Haltung. Dazu gehört abwechslungsreiche Kost (Trockenfutter, pflanzliches und Lebendfutter), ausreichender Schwimmraum und eine Wassertemperatur über 20°. Schließlich ist er in warmen Ländern zu Hause, in Venezuela, auf Trinidad und den Kleinen Antillen, in den drei Guayanas und in Nordbrasilien.

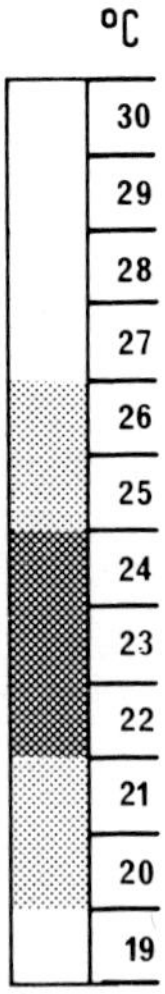

Entdeckt wurde er 1859 auf Trinidad von einem Herrn Guppy. Später wurde der fruchtbare „Millionenfisch" in vielen heißen Ländern zur Mückenbekämpfung angesiedelt, so daß man heute seine ursprünglichen Verbreitungsgebiete gar nicht mehr genau kennt. Schon 1908 wurde er in Europa eingeführt und seitdem in immer prächtigeren Spielarten gezüchtet. Der Guppy neigt dazu — auch in der freien Natur —, in Farbe und Flossenform stark zu variieren. Dies trifft vor allem für die Männchen zu — kein Tier gleicht dem anderen. Ausgesprochene Guppy-Fans, die allerdings schon ziemlich viel von der Vererbungslehre verstehen, züchten die herrlichsten Schleierschwanzguppys, die auf Ausstellungen nach internationalen Standardnormen bewertet werden.
Ist das Becken gut bepflanzt (z. B. mit *Elodea, Myriophyllum, Vallisneria, Riccia, Cabomba, Sagittaria* oder *Ludwigia*), gibt es auch im Gesellschaftsaquarium immer wieder Nachwuchs.
Die vergleichsweise unscheinbaren Weibchen werden etwa doppelt so groß wie die nur 3 cm lang bleibenden Männchen. Typisch ist der dunkle „Trächtigkeitsfleck" schwangerer Weibchen.
Die friedlichen Guppys passen in fast jedes Gesellschaftsaquarium. Für Anfänger empfiehlt es sich besonders, ein Aquarium mit mehreren Arten aus der großen Familie der Lebendgebärenden Zahnkarpfen zu besetzen. Hochgezüchtete Stämme sind allerdings für die Pflege im Gemeinschaftsbecken nicht geeignet.

Fische der oberen Wasserzone

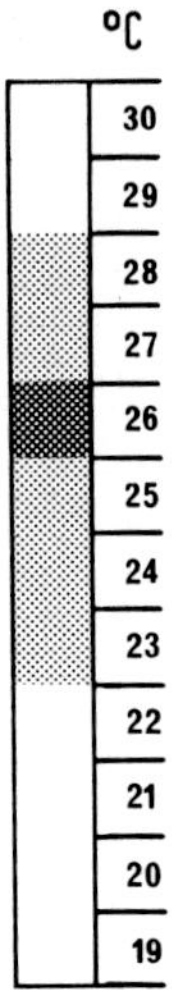

Familie Lebendgebärende Zahnkarpfen, Poeciliidae
Mittelamerika; verkrautete Gewässer

Segelkärpfling *Poecilia velifera* (früher: *Mollienesia*)
Beim Kauf dieser hochflossigen Kärpflinge sollte man suchen, bis man wirklich schöne Exemplare findet. Manchmal werden nämlich Kümmerlinge angeboten, die mit einem „Segel"-Kärpfling kaum noch Ähnlichkeit haben. Segelkärpflinge wurden im östlichen Südmexiko (Halbinsel Yukatan) in ruhig fließenden, pflanzenreichen Gewässern entdeckt, und sehr bald gehörten sie — weil sie auch leicht zu züchten sind — zu den beliebtesten Aquarienfischen. Die lebhaften, ziemlich groß werdenden Mittelamerikaner (etwa 12 cm) lassen sich am besten mit anderen Lebendgebärenden Zahnkarpfen vergesellschaften, z. B. Guppys und Schwertträgern. Wird das Becken dicht bepflanzt, kommen sogar immer wieder Jungfische hoch. Da die Lebendgebärenden sich untereinander leicht kreuzen, wird empfohlen — will man die Stämme rein erhalten —, nur Männchen zu pflegen.
Die Geschlechtsunterschiede kann man erst an älteren Tieren feststellen. Das Männchen zeichnet sich dann durch eine höhere „Segel"-Rückenflosse und einen schwarzen Saum an der Schwanzflosse aus.
Als Pflanzen eignen sich Cryptocorynen, Vallisnerien und *Elodea*; auch Schwimmfarne sollten nicht fehlen.
Während im Art- oder Familienbecken das Wasser ganz leicht angesalzen wird (etwa 100 g auf 10 l), weil die Fische in ihrer Heimat oft in brakkigen Küstengewässern zu Hause sind, muß man das natürlich unterlassen, wenn man ihnen Arten anderer Familien zugesellt. Fische, die sehr auf ihre Ruhe bedacht sind, eignen sich nicht als Gesellschafter für die Segelkärpflinge, aber Brachydanios, Regenbogenfische und Welse lassen sich durch sie nicht stören.
Ganz wichtig aber ist es, daß die Segelkärpflinge Algen im Becken vorfinden, denn Pflanzenkost ist für ihr Gedeihen äußerst wichtig! Da sie auch gern springen, muß das Becken gut abgedeckt sein.

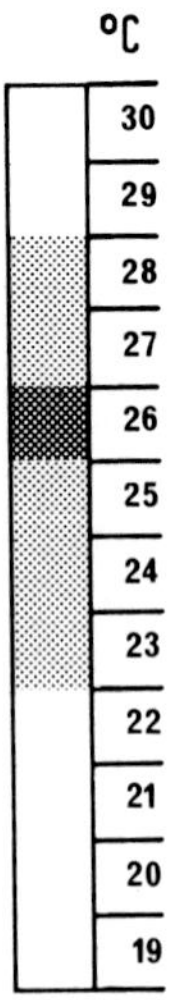

Black Molly *Poecilia hybrid* (früher: *Mollienesia*)
Der Black Molly ist ein Zuchtprodukt, dessen Stammform sich oftmals gar nicht mehr feststellen läßt. Deshalb bezeichnet man ihn am besten als *Poecilia hybrid* (*hybrid* = gemischt; Bastard). Er kann sowohl eine schwarze Variante von *Poecilia sphenops* oder *Poecilia velifera* (siehe oben) sein, als auch eine Kreuzung zwischen zwei *Poecilia*-Arten. Die Poeciliiden vermischen sich untereinander und neigen dazu, in Farbe und Flossenform ganz beträchtlich zu variieren.
Es kommen scheckige Formen vor und auch ganz schwarze Exemplare. Diese Eigenschaft ließ sie zu begehrten Fischen für die Züchter werden. In Südostasien entstanden in mühevoller Zuchtarbeit auch Schleierschwanzvarianten, die sich durch längere Bauch- und Brustflossen sowie einen „Leierschwanz" auszeichnen; sie werden daher „Lyretail" genannt. Die schönen Zuchtformen sind aber nicht mehr so robust wie ihre Stammeltern.
Die ungefähr 6 cm langen, etwas anfälligen Black Mollys vertragen keine größeren Temperaturschwankungen und dürfen nur mit ebenso wärmebedürftigen anderen Arten zusammen gepflegt werden. Das Wasser muß sehr sauber sein. Unter diesen Bedingungen gehalten, sind sie ausgezeichnete Gesellschaftsfische, die mit ihrem samtschwarzen Kleid einen wunderschönen Kontrast bilden zu den bunten Afrikanern, Südamerikanern oder Südostasiaten.

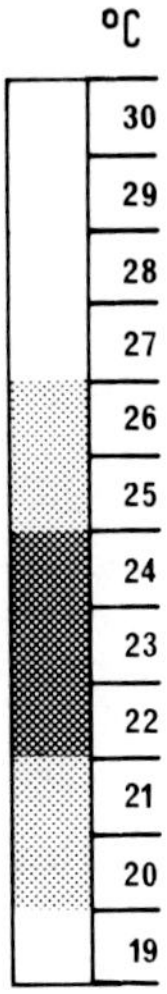

Fische der oberen Wasserzone

Familie Lebendgebärende Zahnkarpfen, Poeciliidae
Mittelamerika; seichte, verkrautete Gewässer

Schwertträger *Xiphophorus helleri*
Der Schwertträger (Heimat: Ostküste Südmexikos, Guatemala und Britisch-Honduras) ist die Stammform vieler prächtiger Zuchtvarietäten.
Die Schwertträger-Männchen haben ein Gonopodium (so heißt die zum Begattungsorgan umgewandelte Afterflosse) und ein „Schwert". Dieses Schwert wird von den verlängerten unteren Schwanzflossenstrahlen gebildet. Befruchtete Weibchen erkennt man an dem dunklen „Trächtigkeitsfleck" vor der Afterflosse und an den prallen Bäuchen.
Weibchen sind plumper und hochrückiger. Sie werden bis etwa 12 cm lang, die Männchen etwa 8 cm plus Schwert.
Die Xiphophorini sind lebhafte Fische, von denen man immer mehrere Exemplare zusammen halten sollte. Sie brauchen Raum zum Ausschwimmen und Pflanzendickicht zum Verstecken.
Schwertträger pflanzen sich auch im Gesellschaftsbecken leicht fort, und wenn das Becken an einigen Stellen dicht bepflanzt und die Oberfläche teilweise mit Schwimmfarnen oder *Riccia* bedeckt ist, kommen auch immer einige Jungfische hoch. Sie müssen dann mit fein zerriebenem Trockenfutter versorgt werden. Da sich die Poeciliiden untereinander kreuzen, kommt es, hält man verschiedene Formen zusammen, zu Mischrassen.
Schwertträger fressen alles, sie nehmen das Futter besonders gern von der Oberfläche. Sie überleben zwar unter einseitiger Trockenfutterkost, aber sie gedeihen weitaus prächtiger, wenn man sie abwechslungsreich ernährt, ihnen sowohl Lebendfutter als auch pflanzliche Zukost gibt.
Das seit Jahrzehnten durch die aquaristische Fachliteratur geisternde Phänomen einer Geschlechtsumwandlung von Schwertträgerweibchen zu Männchen mit Schwert ist inzwischen geklärt worden: Die vermeintlichen Umwandlungs-Männchen sind nämlich schon immer Männchen gewesen, aber solche vom Typ der „Spätmännchen", d. h. spät geschlechtsreif werdende Männchen. Ihre Körpergestalt ist zwar sehr weibchenähnlich, aber als Ein- oder Eineinhalbjährige bilden sie im Verlauf einiger Wochen Schwert und Gonopodium aus. Sie pflanzen sich dann auch fort.
„Frühmännchen" hingegen können bereits nach viereinhalb Monaten geschlechtsreif sein. Dieser Männchentyp bleibt kleiner und flachrückiger. Wie experimentell bewiesen wurde, gibt es also bei den Schwertträger-Männchen zwei erblich verschiedene Typen. Erbfaktoren (Gene) bestimmen diese Differenzierung.
Während unter den Nachkommen der genetisch starken Frühmännchen auffallend viele Männchen sind, zeichnet sich der Nachwuchs der genetisch schwachen Spätmännchen durch eine Überzahl von Weibchen aus. Der Irrtum, dem immer noch so viele Aquarianer zum Opfer fallen, läßt sich also ganz einfach erklären: Unreife Männchen, die Spätmännchen, werden für Weibchen gehalten.

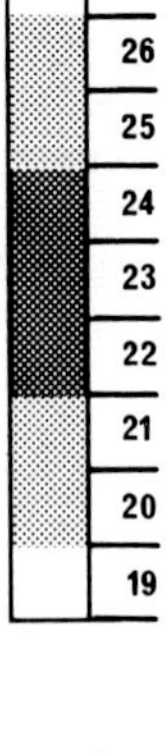

Roter Simpson-Schwertträger *Xiphophorus helleri x Xiphophorus maculatus*
Diese Zuchtform mit der prächtigen Rückenflosse ist eine Kreuzung zwischen dem Grünen Schwertträger und dem Spiegelkärpfling. Sie wurde nach ihrer Züchterin, Frau Simpson, benannt.

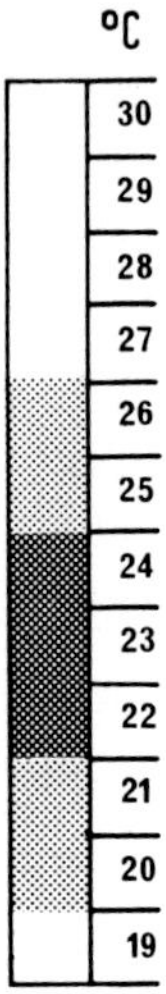

Familie Lebendgebärende Zahnkarpfen, Poeciliidae
Mittelamerika; seichte, verkrautete Gewässer

Platy, Spiegelkärpfling *Xiphophorus maculatus*
Schon in der Natur (seine Heimat sind die Uferregionen von Seen, Bächen und nicht schnell fließenden kleinen Flüssen Mexikos, Honduras' und Guatemalas) kommen verschiedene Farbspielarten vor. Die roten, schwarzen und gefleckten Formen wurden in verschiedenen Farbkombinationen von begeisterten Züchtern zu prächtigen reinrassigen Stämmen entwickelt, beispielsweise den Wagtail-Platys (roter Körper, schwarze Flossen). Zu den beliebtesten Platys aber gehört der hier gezeigte Rote Platy, auch Korallenplaty genannt.
Der höchstens 6 cm lange Rote Platy (die Männchen schaffen sogar nur etwa 4 cm) ist so richtig als Farbtupfer für das Gesellschaftsbecken geeignet. Er ist sehr friedlich, robust und frißt alles (pflanzliche Zukost nicht vergessen!). Er putzt gern Algen weg. Auch er sollte unbedingt in einem kleinen Trupp gehalten werden. Die Männchen haben kein Schwert, sondern wie das Weibchen abgerundete Schwanzflossen und unterscheiden sich von ihnen nur durch die zum Begattungsorgan (Gonopodium) ausgebildete Afterflosse. Befruchtete Weibchen erkennt man an dem schwärzlichen „Trächtigkeitsfleck".
Platys sind eng verwandt mit den Schwertträgern. Die Arten kreuzen sich, so daß immer wieder neue Variationen entstehen, die allerdings nicht immer fortpflanzungsfähig sind. Die meisten im Handel befindlichen Platys haben sicher auch Schwertträger unter ihren Vorfahren. Die vergleichsweise unauffälligen Wildformen werden höchstens im Labor von Vererbungsforschern gehalten.

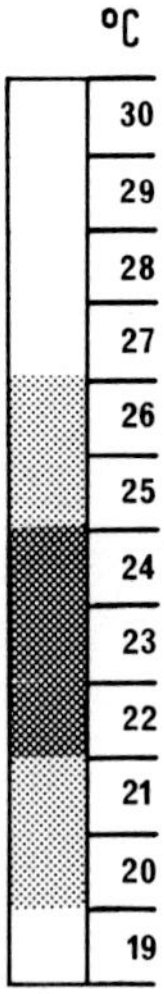

Papageienplaty, Veränderlicher Spiegelkärpfling *Xiphophorus variatus*
Der Papageienplaty wird ein bißchen größer als der Rote Platy (Weibchen etwa 7 cm, Männchen 5 cm lang), im übrigen trifft alles auch für ihn zu, was für diesen nahen Verwandten gilt (siehe oben).
Auch von ihm sind unzählige Rassen gezüchtet worden, existieren viele farbenprächtige Varianten.
Die Platys hatten früher einen eigenen Gattungsnamen — *Platypoecilus* —, der auch heute noch oft benutzt wird, wenn er auch längst überholt ist. Die Angehörigen dieser Gruppe sind wohl als die idealsten Zierfische zu bezeichnen, deshalb wird ihnen in diesem Buch auch verhältnismäßig viel Raum gewährt. Nicht umsonst wird Anfängern empfohlen, zuerst einmal eine Gemeinschaft der verschiedensten Lebendgebärenden zu pflegen. Vor allem bietet solch ein Gesellschaftsaquarium auch die große Freude, immer wieder Jungfische aufwachsen zu sehen — vorausgesetzt, es gibt genug Pflanzenverstecke, und man macht sich die kleine Mühe, Staubfutter zur Aufzucht zu kaufen oder selbst zuzubereiten.
Generell mögen auch diese sehr anspruchslosen Arten eine gleichmäßige und warme Wassertemperatur, doch macht es ihnen nicht soviel aus wie anderen Arten, wenn es versehentlich einmal zu größeren Schwankungen kommt. Sie passen ausgezeichnet zu den meisten anderen Aquarienfischen, ob sie nun aus Mittel- oder Südamerika, aus Südostasien oder Afrika stammen. Nur zu Arten, die gegenüber Störungen besonders empfindlich sind, z. B. den Fadenfischen, sollten sie möglichst nicht gesetzt werden.

Verzeichnis der wissenschaftlichen Namen

Acanthophthalmus kuhlii 16
Acanthophthalmus semicinctus 16
Aphyocharax rubropinnis 32
Apistogramma reitzigi 15

Botia macracantha 18
Botia sidthimunki 18
Brachydanio albolineatus 54
Brachydanio frankei 54
Brachydanio nigrofasciatus 56
Brachydanio rerio 56

Capoeta oligolepis 28
Capoeta semifasciolatus „schuberti“ 28
Capoeta tetrazona tetrazona 30
Capoeta titteya 30
Cheirodon axelrodi 24
Colisa fasciata 46
Colisa lalia 46
Corydoras aeneus 8
Corydoras paleatus 8
Ctenobrycon spilurus 32

Gasteropelecus sternicla 52
Gymnocorymbus ternetzi 34
Gyrinocheilus aymonieri 20

Hasemania marginata 36
Hasemania melanura 36
Helostoma temmincki 50
Hemigrammus caudovittatus 34
Hemigrammus erythrozonus 22
Hemigrammus nanus 36
Hemigrammus ocellifer 36
Hemihaplochromis multicolor 10
Hoplosternum thoracatum 10
Hyphessobrycon callistus 38
Hyphessobrycon erythrostigma 42
Hyphessobrycon flammeus 38
Hyphessobrycon ornatus 40
Hyphessobrycon pulchripinnis 40
Hyphessobrycon rubrostigma 42

Labeo bicolor 20
Lebistes reticulatus 60

Melanotaenia maccullochi 22
Micralestes interruptus 44
Mollienesia hybrid 62
Mollienesia velifera 62

Nannacara anomala 14

Paracheirodon innesi 24
Pelmatochromis kribensis 12
Pelmatochromis pulcher 12
Pelmatochromis thomasi 12
Phenacogrammus interruptus 44
Poecilia hybrid 62
Poecilia reticulata 60
Poecilia velifera 62
Pristella riddlei 42
Pterophyllum scalare 50
Puntius conchonius 26
Puntius nigrofasciatus 26
Puntius oligolepis 28
Puntius semifasciolatus „schuberti“ 28
Puntius tetrazona tetrazona 30
Puntius titteya 30

Rasbora dorsiocellata 58
Rasbora heteromorpha 58
Rasbora trilineata 60

Tanichthys albonubes 44
Thayeria boehlkei 52
Trichogaster leeri 48
Trichogaster trichopterus sumatranus 48

Xiphophorus helleri 64
Xiphophorus helleri x
Xiphophorus maculatus 64
Xiphophorus maculatus 66
Xiphophorus variatus 66

Verzeichnis der deutschen Namen

Afrikanischer Schmetterlingsbuntbarsch 12
Algenfresser 20
Augenfleckrasbora 58

Barbe, Rote 26
Bassamsalmler 36
Beilbauchsalmler 52
Beilfisch 52
Bitterlingsbarbe 30
Black Molly 62
Blattflosser 50
Blauer Fadenfisch 48
Blutendes Herz 42
Blutsalmler 38
Blutströpfchen 42
Brokatbarbe 28

Danio, Gesprenkelter 56
Danio, Goldener 54
Dreilinienbärbling 60

Eilandbarbe 28

Fadenfisch, Blauer 48
Fadenfisch, Gebänderter 46
Fadenfisch, Gestreifter 46
Fensterputzer 20
Feuerdanio 54
Feuersalmler 38
Feuerschwanz 20
Feuerschwanz-Fransenlipper 20
Flaggensalmler 42

Gebänderter Fadenfisch 46
Gelber Zwergbuntbarsch 14
Gesprenkelter Danio 56
Gestreifter Fadenfisch 46
Gestreifter Zwergbuntbarsch 14
Glänzender Zwergbuntbarsch 14
Glasbärbling 60
Glassalmler 42
Glühlichtsalmler 22
Goldbarbe 28
Goldener Danio 54
Guppy 60
Gurami 48
Gurami, Küssender 50

Hochrückensalmler 32

Kamerun-Prachtbarsch 12
Kardinalfisch 44
Kardinaltetra 24
Keilfleckbärbling 58
Keilfleckbarbe 58
Kirschflecksalmler 42
Kleiner Maulbrüter 10
Königscichlide 12
Kolibrifisch 24
Kongosalmler 44
Kropfsalmler 52
Küssender Gurami 50
Kupfersalmler 36

Langdorngrundel 18
Laternenträger 36
Leopardbärbling 54
Leoparddanio 54
Leuchtaugenbärbling 58
Leuchtfleckensalmler 36

Maskendornauge 16
Maulbrüter, Kleiner 10
Metallpanzerwels 8
Millionenfisch 60
Mosaikfadenfisch 48

Neon, Roter 24
Neonsalmler 24
Neontetra 24

Panzerwels, Punktierter 8
Papageienplaty 66
Perezsalmler 42
Perlmutterbarbe 28
Platy 66
Prachtbarbe 26
Prachtbarsch, Kamerun- 12
Prachtbarsch, Thomas- 12
Prachtschmerle 18
Punktierter Panzerwels 8
Purpurkopfbarbe 26

Rautenflecksalmler 34
Reitzigs Zwergbuntbarsch 14
Rote Barbe 26

Roter Neon 24
Roter Simpson-Schwertträger 64
Roter von Rio 38
Rotflossensalmler 32
Rücklichtsalmler 36

Saugmaul 20
Saugschmerle, Siamesische 20
Schachbrettbuntbarsch 14
Schachbrettschmerle 18
Scherenbärbling 60
Schillerbärbling 54
Schlußlichtsalmler 36
Schmetterlingsbuntbarsch, Afrikanischer 12
Schmucksalmler 40
Schönflossensalmler 40
Schrägsalmler 52
Schrägschwimmer 52
Schwanzbandsalmler 34
Schwarzer Tetra 34
Schwarzflossenbarbe 26
Schwarzstreifensalmler 52
Schwertträger 64
Schwielenwels 10
Segelfisch 50
Segelflosser 50
Segelkärpfling 62
Serpasalmler 38
Sherrybarbe 30
Siamesische Saugschmerle 20
Silberbeilbauchfisch 52
Silbersalmler 32
Simpson-Schwertträger, Roter 64
Skalar 50
Spiegelkärpfling 66
Spiegelkärpfling, Veränderlicher 66
Sprinterschmerle 18
Sternfleckensalmler 42
Stieglitzsalmler 42
Streifenbärbling 56
Sumatrabarbe 30

Talerfisch 32
Talersalmler 32
Tetra Perez 42
Tetra, Schwarzer 34
Thomas-Prachtbarsch 12
Trauermantelsalmler 34
Tüpfelbärbling 56

Veränderlicher Spiegelkärpfling 66
Viergürtelbarbe 30

Wasserstieglitz 42

Zebrabärbling 56
Zickzackdornauge 16
Zitronensalmler 40
Zwergbuntbarsch, Gelber 14
Zwergbuntbarsch, Gestreifter 14
Zwergbuntbarsch, Glänzender 14
Zwergbuntbarsch, Reitzigs 14
Zwergfadenfisch 46
Zwergregenbogenfisch 22
Zwergschmerle 18